● 安徽建筑工业学院科技专著与统编教材出版专项经费资助

● 安徽建筑工业学院硕博基金资助项目

清晰理论基础

苏发慧　著

U0295770

合肥工业大学出版社

图书在版编目(CIP)数据

清晰理论基础/苏发慧著.—合肥:合肥工业大学出版社,2012.12
ISBN 978-7-5650-1144-3

Ⅰ.①清… Ⅱ.①苏… Ⅲ.①模糊数学—研究 Ⅳ.①O159

中国版本图书馆 CIP 数据核字(2012)第 318116 号

清晰理论基础

苏发慧 著　　　　　　　　　　责任编辑　陈淮民

出 版	合肥工业大学出版社	**版 次**	2012 年 12 月第 1 版
地 址	合肥市屯溪路 193 号	**印 次**	2013 年 2 月第 1 次印刷
邮 编	230009	**开 本**	880 毫米×1230 毫米　1/32
电 话	总 编 室:0551-62903038	**印 张**	5.625
	市场营销部:0551-62903198	**字 数**	135 千字
网 址	www.hfutpress.com.cn	**印 刷**	安徽江淮印务有限责任公司
E-mail	hfutpress@163.com	**发 行**	全国新华书店

作者信箱　sfh4125@aiai.edu.cn　　　责编信箱　chenhm30@163.com

ISBN 978-7-5650-1144-3　　　　定价:20.00 元
如果有影响阅读的印装质量问题,请与出版社市场营销部联系调换。

内容简介

《清晰理论基础》一书系统地总结了用来表达和处理模糊信息新的数学工具——清晰理论的研究结果,分析了模糊数学几个重要的基本概念如相等、包含、取大、取小等违反概念原理的问题,指出了普通的关系矩阵合成本身存在的问题,并对于论域 U 中的元素 u,清晰 A 能够准确的表达 u 部分属于 A 部分不属于 A 的模糊现象给出了清晰定义。

本书分为 7 章,内容包括清晰有理数的概念,清晰有理数的定义及四则运算,模糊综合评判的错误,清晰综合评判的模型,模糊模型识别的错误,清晰贴近度的定义以及清晰有理数的应用等。

本书可作为大学本科生、研究生的教材或参考书,也可供广大科技工作者参考使用。

序

　　模糊信息是普遍存在的，但是用怎样的数学形式来表达和处理则是人们要考虑解决的问题。1965年模糊数学创始人 L. A. Zadeh 提出模糊集而引出的模糊数学，则是人们用来解决此问题的工具，此理论发展很快，应用遍及许多领域。

　　任何一门学说，都有开始、发展和逐步完善的过程，处理和表达模糊信息的模糊理论也不例外。本书看到了近些年来，一些研究人员在做模糊数学的理论研究或/和应用研究中发现的一些问题，他们在此基础上给出用来表达和处理模糊信息的新的数学工具——清晰集理论。这个理论要否定模糊集的有关基本概念，建立"清晰集"，进而阐明模糊集是清晰集中的某种等价类，指出在模糊集的理论和应用研究中出现问题时应如何回到清晰集中找原因，解决问题。因此，可以说就表达和处理模糊信息来说，清晰集理论要比模糊集更有效、理论基础更踏实。这是人类在表达和处理模糊信息方法研究中的一次突破和创新。模糊集理论中的取大运算、取小运算、相等关系、包含关系的不完备性引出的问题几乎形成数学中的第四次危机，得出了莫大的谬误。例如学过模糊数学的人都知道：F 集合不满足排中律，即

$$\underset{\sim}{A} \cup \underset{\sim}{A^c} = X, \quad \underset{\sim}{A} \cap \underset{\sim}{A^c} = \varphi$$

一般不再成立。这样的谬误,人们不但不去找其产生的原因,反而认为这是模糊性的特征所致。Zadeh 的接班人王立新教授感叹道:雾茫茫,模糊理论是不是正确的前进方向?

本书作者苏发慧教授将他近几年发表的、未发表的有关清晰集理论进行了认真的总结、整合。书中除分析了模糊集理论存在的问题和提出清晰集的基本理论之外,还给出了清晰数的概念、清晰数的四则运算,这使清晰理论更加完善;书中进一步提出清晰综合评判、清晰模型识别,可使清晰理论更好地应用于各个领域。

我深信真理一定存在于不断探索中,清晰理论在后人的不断努力下,一定会成为数学的一大贡献!

吴和琴

2012 年 9 月 18 日

前　言

用来处理模糊现象的模糊理论是有缺陷的,甚至是错误的,这使严谨的数学蒙羞;2007 年吴华英和吴和琴教授撰写的《清晰集及其应用》一书的出版标志着清晰理论的诞生。作者收集了近 4 年来清晰集的最新研究成果,进行编辑、整合使之系统化,随成一书取名《清晰理论基础》。在处理部分属于部分不属于的模糊现象时清晰理论比模糊理论更有效、更准确、理论基础更扎实,这是在表达和处理模糊信息方法研究中的突破和创新。

本书得到河北工程大学吴和琴老教授和吴华英老师的大力支持;吴老在病榻上还为本书作序,在此表示衷心的感谢!

本书是安徽建筑工业学院硕博基金资助项目、安徽建筑工业学院科技专著与教材出版专项经费资助,对于院领导、科技处领导的大力支持表示衷心感谢!

清晰理论刚刚起步,这方面的研究尚且薄弱;加之时间仓促,书中错误在所难免,诚望读者批评指教。

苏发慧

2012 年 8 月 28 日

目　　录

第1章

模糊集概念错误分析

Zadeh 关于模糊集概念的提出是对人类的一个大贡献。此理论应用广泛遍及众多领域,随着研究的深入,一些问题也浮出水面。例如一段时间以来就不只一个人对模糊集的包含和相等提出疑义,即对

$$A = B \Leftrightarrow A(x) = B(x),$$

$$A \subseteq B \Leftrightarrow A(x) \leqslant B(x),$$

产生疑义。

1.1 概念原理

数学概念实质上是性质的集合,但也不能随便凑几条性质以构成概念,必须遵守一定规律 —— 概念原理。

概念原理包括三条规律:

第一条 概念的无矛盾性:所谓无矛盾性是指提出的概念的外延中确有其物,否则外延是一个空集,那么建立的概念将毫无意义;概念的无矛盾性是通过构造模型来证明的,此规律也叫言之有物。

第二条 概念的独立性:所谓独立性是指任何一个性质都

不可以用其中的其他性质推出。独立性是通过构造其具有其他性质而不具有某一性质的模型来证明的,此规律保证概念的简炼。

　　第三条　　概念的完备性:完备性相对于建立概念者的事先目的,建立概念者在提出概念之前,自己认为此建立的概念的外延中的每一个都应具有某性质。当建立概念之后,确能保证其每一个都具有此性质时,则说明此概念相对于此性质是完备的。此性质保证了不出现词不达意的错误。本书是要说明模糊集中的包含和相等这两个定义(概念)都不具有完备性,即产生了词不达意,应当改正。

　　概念的不完备性在数学领域也屡有出现,这是由于人们开始对事物了解不详或由于疏忽造成的,例如文献[2]中提到的周期函数的定义(概念)就不完备,然而上千年来人们一直沿用着这一错误的定义,造成这一领域出现一系列错误定理。

1.2　　经典集合

1.2.1　　集合及其表示

　　集合是现代数学中的一个基础概念,一些不同对象的全体称为集合,常用大写英文字母 X,Y 等表示,本文有时称集合为经典集合,这是为了区别于模糊集合等,集合内的每个对象称为集合的元素,常用小写英文字母 $a,b,c,\cdots$ 表示, a 属于 A,记为 $a \in A$; a 不属于 A,记为 $a \overline{\in} A$。

　　不含有任何元素的集合称为空集,记为 o。

只含有限个元素的集合,称为有限集,有限集所含元素的个数称为集合的基数,包含无限个元素的集合称为无限集,以集合作为元素所组成的集合称为集合族,所谓论域是指所论及对象的全体,它也是一个集合,常用 X,Y,U,V 等表示。

1.2.2　集合的包含

集合的包含概念是集合之间的一种重要相互关系。

定义 1-1　设集合 A 和 B,若集合 A 的每个元素都属于集合 B,即 $x \in A \Rightarrow x \in B$,则称 A 是 B 的子集,记为 $A \subseteq B$ 或 $B \supseteq A$。读作"A 包含于 B 中"或"B 包含 A"。

显然 $A \subseteq A$。空集 o 是任何集合 A 的子集,即 $o \subseteq A$。又若 $A \subseteq B,B \subseteq C$,则 $A \subseteq C$。

定义 1-2　设集合 A 和 B,若 $A \subseteq B$ 且 $B \subseteq A$,则称集合 A 与集合 B 相等,记为 $A = B$。

定义 1-3　设有集合 U,对于任意集合 A,总有 $A \subseteq U$,则称 U 为全集。

全集是个具有相对性的概念。

例如,实数集对于整数集、有理数集而言是全集,则整数集对于偶数集、奇数集而言是全集。

定义 1-4　设有集合 A,A 的所有子集所组成的集合称为 A 的幂集,记为 $T(A)$,

即　$T(A) = \{B \,|\, B \subseteq A\}$。

由定义 4 知,幂集是集合族。

1.2.3　集合的运算

定义 1-5　设 $A,B \in T(X)$,规定

$A \bigcup B \underline{\underline{\Delta}} \{x \,|\, x \in A \text{ 或 } x \in B\}$，称为 A 与 B 的并集；

$A \bigcap B \underline{\underline{\Delta}} \{x \,|\, x \in A \text{ 且 } x \in B\}$，称为 A 与 B 的交集；

$A^c \underline{\underline{\Delta}} \{x \,|\, x \,\overline{\in}\, A\}$，称为 A 的余集。

1.2.4　集合的特征函数

定义 1-6　设 $A \in T(X)$，具有如下性质的映射 $\chi_A : X \to \{0,1\}$ 称为集合 A 的特征函数：

$$\chi_A(x) = \begin{cases} 1, x \in A; \\ 0, x \,\overline{\in}\, A. \end{cases}$$

由定义可知，集合 A 由特征函数 χ_A 唯一确定，以后总是把集合 A 与特征函数 $\chi_A(x)$ 看作是同一的。

下面是特征函数与集合之间的几个基本关系：

（1）$A = U \Leftrightarrow \chi_A(x) \equiv 1, A = o \Leftrightarrow \chi_A(x) \equiv 0$；

（2）$A \subseteq B \in T(U) \Leftrightarrow \chi_A(x) \leqslant \chi_B(x)$；

（3）$A = B \in T(U) \Leftrightarrow \chi_A(x) = \chi_B(x)$。这个性质表明 U 的任一子集 A 完全由它的特征函数确定。

特征函数还满足：

（4）$\chi_{A \bigcup B}(x) = \chi_A(x) \vee \chi_B(x)$；

（5）$\chi_{A \bigcap B}(x) = \chi_A(x) \wedge \chi_B(x)$；

（6）$\chi_{A^c}(x) = 1 - \chi_A(x)$。

此处"$\vee$"是上确界"sup"，"$\wedge$"是下确界"inf"。

排中律成立：

$$D \bigcup D^c = U; \qquad (D \bigcup D^c)(x) \equiv 1;$$

$$D \bigcap D^c = \varphi; \qquad (D \bigcap D^c)(x) \equiv 0.$$

1.3　模糊子集及其运算

1.3.1　模糊子集的概念

经典集合 A 可由其特征函数 χ_A 唯一确定,即映射 $\chi_A : X \to \{0,1\}$, $x \mapsto \chi_A(x) = \begin{cases} 1, x \in A \\ 0, x \in \overline{A} \end{cases}$ 确定了 X 上的经典子集 A。

$\chi_A(x)$ 表明 x 对 A 的隶属程度,不过仅有两种状态:一个元素 x 要么属于 A,要么不属于 A。它确切地、数量化地描述了"非此即彼"现象。但现实世界中并非完全如此。比如,在生物学发展的历史上,曾把所有生物分为动物界与植物界两大类。牛、羊、鸡、犬划到动物界,这是无疑的。而有一些生物,如猪笼草、捕蝇草、茅膏菜等,一方面能捕食昆虫,分泌液体消化昆虫,像动物一样;另一方面又长有叶片,能进行光合作用,自制养料,像植物一样,并不完全是"非动物即植物",因此,不能简单地一刀切,可见在动物与植物之间存在有"中介状态"。为了描述这种"中介状态",需要将经典集合 A 的特征函数 $X_A(x)$ 的值域 $\{0,1\}$ 推广到闭区间 $[0,1]$ 上,这样,经典集合的特征函数就扩展为模糊集合的隶属函数。

定义 1-7　设 U 是论域,称映射

$$\mu : U \to [0,1],$$

$$x \mapsto \mu(x) \in [0,1]$$

确定了一个 U 上的模糊子集 $\underset{\sim}{A}$,映射 μ 称为 $\underset{\sim}{A}$ 的隶属函数, $\mu(x)$

称为 x 对 $\underset{\sim}{A}$ 的隶属程度,使 $\mu(x)=0.5$ 的点 x 称为 $\underset{\sim}{A}$ 的过度点,此时该点最具模糊性。

由定义可以看出,模糊子集 $\underset{\sim}{A}$ 是由隶属函数 μ 唯一确定的,以后总是把模糊子集 $\underset{\sim}{A}$ 与隶属函数 μ 看成是等同的,还应指出,隶属程度的思想是模糊数学的基本思想。

当 μ 的值域为 $\{0,1\}$ 时,模糊子集 $\underset{\sim}{A}$ 就是经典子集,而 μ 就是它的特征函数,可见经典子集是模糊子集的特殊情形。

U 上所有模糊子集所组成的集合称为 U 的模糊幂集,记为 $T(U)$。

为简便计,今后用 $\underset{\sim}{A}(x)$ 来代替 $\mu(x)$,模糊子集简称为模糊集,隶属程度简称为隶属度。

1.3.2 模糊集的运算

现将经典集合的运算推广到模糊集,由于模糊集中没有点和集之间的绝对属于关系,所以其运算的定义只能以隶属函数间的关系来确定。

定义 1-8 设 $\underset{\sim}{A},\underset{\sim}{B} \in T(U)$,则有

包含:$\underset{\sim}{A} \subseteq \underset{\sim}{B} \Leftrightarrow \underset{\sim}{A}(x) \leqslant \underset{\sim}{B}(x), \forall x \in U$;

相等:$\underset{\sim}{A} = \underset{\sim}{B} \Leftrightarrow \underset{\sim}{A}(x) = \underset{\sim}{B}(x), \forall x \in U$。

定义 1-9 设 $\underset{\sim}{A},\underset{\sim}{B} \in T(U)$

并:$\underset{\sim}{A} \cup \underset{\sim}{B}$ 的隶属函数 $\mu(x)$ 为

$$(\underset{\sim}{A} \cup \underset{\sim}{B})(x) \underset{=}{\triangle} \underset{\sim}{A}(x) \vee \underset{\sim}{B}(x), \forall x \in U;$$

交:$\underset{\sim}{A} \cap \underset{\sim}{B}$ 的隶属函数 $\mu(x)$ 为

$$(\underset{\sim}{A} \cap \underset{\sim}{B})(x) \underset{=}{\triangle} \underset{\sim}{A}(x) \wedge \underset{\sim}{B}(x), \forall x \in U;$$

余:$\underset{\sim}{A}^c$ 的隶属函数 $\mu(x)$ 为

$$\underset{\sim}{A}^c(x) \underset{=}{\triangle} 1 - \underset{\sim}{A}(x), \forall x \in U。$$

1.4　模糊集举例

1.4.1　集合相等的完备性

为了便于说明问题，先给出两个模糊集的例子。

【例1-1】　设论域 U 由三个元素构成，第一个为半红、半黑的黑红圆，记作 u_1；第二个为 $\frac{1}{4}$ 红色、$\frac{1}{4}$ 黑色、$\frac{1}{2}$ 白色的圆记作 u_2；最后一个为全白色的圆，记作 u_3；即

$$U = \left\{ u_1(\text{半红半黑圆}), u_2\left(\frac{1}{4}\text{红}\quad\frac{1}{4}\text{黑}\quad\frac{1}{2}\text{白圆}\right), \right.$$

$$\left. u_3(\text{白圆}) \right\}。$$

首先 U 中元素具有的颜色这种性质构成集合

$$F = \{\text{黑}, \text{红}, \text{白}\}。$$

F 的子集

$$F_1 = A_1 = \{\text{黑}\}, F_2 = A_2 = \{\text{红}\}。$$

构造函数 $\bar{\mu}$：

$$\bar{\mu}_{A_1}(u_1) = \frac{1}{2}, \bar{\mu}_{A_1}(u_2) = \frac{1}{4}, \bar{\mu}_{A_1}(u_3) = 0;$$

$$\bar{\mu}_{A_2}(u_1) = \frac{1}{2}, \bar{\mu}_{A_2}(u_2) = \frac{1}{4}, \bar{\mu}_{A_2}(u_3) = 0。$$

在这里我们给出了 2 个函数：$\bar{\mu}_{A_1}(u)$、$\bar{\mu}_{A_2}(u)$，它们的定义域为 $U = \{u_1, u_2, u_3\}$，其值在 $[0,1]$ 上，以这些函数为隶属函数，相应地有论域 U 上的 2 个模糊集，相应的模糊集用 $\tilde{A}_1, \tilde{A}_2$

表示。

这里 $\bar{\mu}_{A_1}(u)$ 和 $\bar{\mu}_{A_2}(u)$ 虽然定义域和值是相同的,但含义不同, $\bar{\mu}_{A_1}(u)$ 表示 u 属于黑圆的程度,而 $\bar{\mu}_{A_2}(u)$ 表示 u 属于红圆的程度,它们分别对应着圆的黑色部分和红色部分为整个圆的程度。

这里引出的例子称为"有色圆模型"。

在康托集合中两个集合 A 和 B 相等指 A 中的所有元素都在 B 中,而 B 中的所有元素也在 A 中,即 $x \in A \Rightarrow x \in B$ 且 $x \in B \Rightarrow x \in A$,这是两个集相等的真实含意,也叫集合相等的完备性。而模糊集 $\tilde{A}_1$ 和 $\tilde{A}_2$ 相等的真实含意应是指所有元素属于 $\tilde{A}_1$ 的部分都在 $\tilde{A}_2$ 中,而 $\tilde{A}_2$ 中所有元素的部分也在 $\tilde{A}_1$ 中,这应是模糊集相等的真实含意,也叫模糊集相等的完备性。按照完备性的要求 $\tilde{A}_1$ 和 $\tilde{A}_2$ 是不可能相等的。因为 $\tilde{A}_1$ 中元素的部分为黑色的, $\tilde{A}_2$ 中元素的部分是红色的,根本没有相同部分,但按模糊集相等的定义由 $\bar{\mu}_{A_1}(x) = \bar{\mu}_{A_2}(x)$,得 $\tilde{A}_1 = \tilde{A}_2$,从而知模糊集相等的定义是不具备完备性的,即产生了词不达意,应当改正,否则在理论研究中或实际应用中会产生一系列问题。

1.4.2　集合包含的完备性

在康托集合中集合 A 包含于集合 B 是指 A 中的元素都在 B 中,即 $x \in A \Rightarrow x \in B$。这是包含的真实含意,也叫集合包含的完备性,而模糊集 $\tilde{A}_1 \subseteq \tilde{A}_2$ 的真实含意应该是指所有元素属于 $\tilde{A}_1$ 的部分都在 $\tilde{A}_2$ 中,这应该是模糊集包含的真实含意,也叫模糊集包含的完备性。按照完备性的要求 $\tilde{A}_1 \subseteq \tilde{A}_2$ 是不可能的,因为 $\tilde{A}_1$ 中元素的部分是黑色的, $\tilde{A}_2$ 中元素的部分是红色的,根本没有相同部分,怎么黑色部分会在红色部分中呢? 但按照模糊集包含的定义，由 $\bar\mu_{A_1}(x) \leqslant \bar\mu_{A_2}(x)$，得 $\widetilde{A}_1 \subseteq \widetilde{A}_2$，从而知模糊集包含的定义是不具备完备性的，即产生了词不达意，应当改正。

【例1-2】　为了便于说明问题，先给两组模糊集，用延胡索60克、海螵蛸180克做成两个圆形药片，分别记作 u_1 和 u_3；再用延胡索3克、白矾250克、海螵蛸7克混合均匀后做成圆形药片，记作 u_2。此外，使 u_1 表面成为黑色，u_2 表面成为 $\frac{1}{2}$ 红色、$\frac{1}{8}$ 黑色、$\frac{3}{8}$ 白色，u_3 表面为红色，于是得 $U=\{u_1,u_2,u_3\}$，u_1,u_2,u_3 合在一起为安胃片，制酸止痛，现在不管药理作用，抽象地用以组成两组模糊集：

$$U = \left\{ 黑圆(u_1), 花圆(\tfrac{1}{2}\,红, \tfrac{1}{8}\,黑, \tfrac{3}{8}\,白)(u_2), 红圆(u_3) \right\}$$

$$= \{延胡索圆(u_1), 混合圆(延胡索3克, 白矾250克,$$
$$海螵蛸7克)(u_2), 海螵蛸圆(u_3)\}。$$

首先 U 中元素具有的颜色这种性质

$$F = \{黑, 白, 红\}$$

F 的子集：

$$F_1 = A_1 = \{黑\}, F_2 = A_2 = \{白\}, F_3 = A_3 = \{红\}$$

$$F_4 = A_4 = \{黑, 白\}, F_5 = A_5 = \{白, 红\}, F_6 = A_6 = \{黑\ 红\}$$

$$F_7 = A_7 = \{黑, 白, 红\}，为元素构成集合 E。$$

构造函数 $\bar\mu$：

$$\bar\mu_{A_1}(u_1) = 1, \mu_{A_1}(u_2) - \frac{1}{8}, \bar\mu_{A_1}(u_3) = 0$$

$$\bar{\mu}_{A_2}(u_1) = 0, \bar{\mu}_{A_2}(u_2) = \frac{3}{8}, \bar{\mu}_{A_2}(u_3) = 0$$

$$\bar{\mu}_{A_3}(u_1) = 0, \bar{\mu}_{A_3}(u_2) = \frac{1}{2}, \bar{\mu}_{A_3}(u_3) = 1$$

$$\bar{\mu}_{A_4}(u_1) = 1, \bar{\mu}_{A_4}(u_2) = \frac{1}{2}, \bar{\mu}_{A_4}(u_3) = 0$$

$$\bar{\mu}_{A_5}(u_1) = 0, \bar{\mu}_{A_5}(u_2) = \frac{7}{8}, \bar{\mu}_{A_5}(u_3) = 1$$

$$\bar{\mu}_{A_6}(u_1) = 1, \bar{\mu}_{A_6}(u_2) = \frac{5}{8}, \bar{\mu}_{A_6}(u_3) = 1$$

$$\bar{\mu}_{A_7}(u_1) = 1, \bar{\mu}_{A_7}(u_2) = 1, \bar{\mu}_{A_7}(u_3) = 1$$

在这里我们给出了 7 个函数：

$\bar{\mu}_{A_1}(u)$、$\bar{\mu}_{A_2}(u)$、$\bar{\mu}_{A_3}(u)$、$\bar{\mu}_{A_4}(u)$、$\bar{\mu}_{A_5}(u)$、$\bar{\mu}_{A_6}(u)$、$\bar{\mu}_{A_7}(u)$，它们的定义域为 $U = \{u_1, u_2, u_3\}$，其值在 $[0,1]$ 上，以这些函数为隶属函数，相应地有论域 U 上的 7 个模糊子集，其相应的模糊子集用 $\tilde{A}_1$、$\tilde{A}_2$、$\tilde{A}_3$、$\tilde{A}_4$、$\tilde{A}_5$、$\tilde{A}_6$、$\tilde{A}_7$ 表示，也叫做 $\bar{\mu}$ 的分枝函数。

再者，U 中元素的组成成分这种性质

$$F_1 = \{延胡索，白矾，海螵蛸\}。$$

F_1 的子集：

$F_1' = B_1 = \{延胡索\}$，$F_2' = B_2 = \{白矾\}$，$F_3' = B_3 = \{海螵蛸\}$。

构造函数 $\bar{\mu}'$：

$$\bar{\mu}'_{B_1}(u_1) = 1, \bar{\mu}'_{B_1}(u_2) = \frac{3}{260}, \bar{\mu}'_{B_1}(u_3) = 0;$$

$$\bar{\mu}'_{B_2}(u_1) = 0, \bar{\mu}'_{B_2}(u_2) = \frac{250}{260} = \frac{25}{26}, \bar{\mu}'_{B_2}(u_3) = 0;$$

$$\bar{\mu}'_{B_3}(u_1) = 0, \bar{\mu}'_{B_3}(u_2) = \frac{7}{260}, \bar{\mu}'_{B_3}(u_3) = 1。$$

这里我们给出了 3 个函数:

$\bar{\mu}'_{B_1}(u)$、$\bar{\mu}'_{B_2}(u)$、$\bar{\mu}'_{B_3}(u)$,它们的定义域为 $U=\{u_1,u_2,u_3\}$,其值在 $[0,1]$ 上,以这些函数为隶属函数,相应地有论域 U 上的三个模糊子集,其相应地模糊子集用 $\tilde{B}_1$、$\tilde{B}_2$、$\tilde{B}_3$ 表示,也叫做 $\bar{\mu}'$ 的分枝函数。

1.4.3　集合并运算的完备性

在康托集合中两个集合 A 和 B 的并集 $A\bigcup B$ 指 A 中的所有元素和 B 中的所有元素合在一起构成的集合(这时相同的元素算作一个),这是并集的真实含意,也叫并集的完备性,而模糊集 $\tilde{A}$ 和 $\tilde{B}$ 的并集 $\tilde{A}\bigcup\tilde{B}$ 的真实含意是指元素属 $\tilde{A}$ 的部分和元素属于 $\tilde{B}$ 的部分合在一起构成的集合(这时相同部分算作一个),这是模糊集的并集的完备性,集合有自己确定的隶属函数,而隶属函数也有自己确定的集合。在康托集合中,集合 A 和集合 B 的并集 $A\bigcup B$ 可以利用它们的隶属函数定义为

$$\mu_{A\bigcup B}(x)=\mu_A(x)\bigvee\mu_B(x)=\max\{\mu_A(x),\mu_B(x)\}$$

不难看出这一定义(概念)具有并集合的完备性,即出现在 $A\bigcup B$ 中的元素一定在 A 或 B 中,而在 A 或 B 中的元素也一定在 $A\bigcup B$ 中。

但是把这一定义,形式化地推广到模糊集中得

$$\mu_{\tilde{A}\bigcup\tilde{B}}(x)=\mu_{\tilde{A}}(x)\bigvee\mu_{\tilde{B}}(x)=\max\{\mu_{\tilde{A}}(x),\mu_{\tilde{B}}(x)\}$$

这个模糊集并运算的定义具有完备性吗? 答案是否定的。为此,我们举出一个反例即可,例 1-2 中给出的 U 上的模糊子集 $\tilde{A}_1$ 和 $\tilde{A}_2$,它们的隶属函数为 $\bar{\mu}_{A_1}(x)$ 和 $\bar{\mu}_{A_2}(x)$,按照此以定义应有:

$$\bar{\mu}_{\tilde{A}\cup\tilde{B}}(x) = \bar{\mu}_{\tilde{A}_1}(x) \bigvee \bar{\mu}_{\tilde{A}_2}(x)$$

$$= \bar{\mu}_{A_1}(x) \bigvee \bar{\mu}_{A_2}(x) = \max\{\bar{\mu}_{A_1}(x), \bar{\mu}_{A_2}(x)\},$$

于是，得 $\bar{\mu}_{\tilde{A}_1\cup\tilde{A}_2}(u_2) = \bar{\mu}_{A_1}(u_2) \bigvee \bar{\mu}_{A_2}(u_2) = \dfrac{3}{8}$，这 $\dfrac{3}{8}$ 实际上对应着花圆 (u_2) 上的 $\dfrac{3}{8}$ 是白色的，而 u_2 上的 $\dfrac{3}{8}$ 白色部分属于 $\tilde{A}_2$，而 u_2 上 $\dfrac{1}{8}$ 黑色部分按完备性要求也应该属于 $\tilde{A}_1 \cup \tilde{A}_2$ 之中。于是

$\bar{\mu}_{\tilde{A}_1\cup\tilde{A}_2}(u_2) = \dfrac{1}{8} + \dfrac{3}{8} = \dfrac{4}{8} \neq \dfrac{3}{8}$，由此，我们看出模糊集并运算不具有完备性，即它是词不达意，应该改正，否则，就像周期函数的错误定义一样，会在理论上和应用中出现一系列问题，很值得注意。

1.4.4　集合交运算的完备性

在康托集合中，两个集合 A 和 B 的交 $A \bigcap B$ 指 A 和 B 中的公共元素所组成的集合，这是交集的真实含意，也叫交集的完备性；而模糊集 $\tilde{A}$ 和 $\tilde{B}$ 的交集 $\tilde{A} \bigcap \tilde{B}$ 的真实含意是指元素属于 $\tilde{A}$ 的部分且同时也属于 $\tilde{B}$ 的部分所成的集合，此乃模糊集交的完备性。在康托集合中集合 A 和 B 的交 $A \bigcap B$ 可以用它们的隶属函数定义为：

$$\mu_{A\cap B}(x) = \mu_A(x) \bigwedge \mu_B(x) = \min\{\mu_A(x), \mu_B(x)\}。$$

不难看出，这一定义（概念）具有交集的完备性，即出现在 $A \bigcap B$ 的元素，一定同时在 A 和 B 中，而同时属于 A 和 B 的元集一定属于 $A \bigcap B$，但是，把这一定义形式化地推广到模糊集中，得

$$\mu_{\tilde{A}\cap\tilde{B}}(x) = \mu_{\tilde{A}}(x) \bigwedge \mu_{\tilde{B}}(x) = \min\{\mu_{\tilde{A}}(x), \mu_{\tilde{B}}(x)\}。$$

这个模糊集交运算的定义具有完备性吗？答案是否定的，还拿例 1-2 中的 $\widetilde{A}_1$ 和 $\widetilde{A}_2$，可得

$$\bar{\mu}_{\widetilde{A}_1 \cap \widetilde{A}_2}(u_2) = \bar{\mu}_{A_1}(u_2) \wedge \bar{\mu}_{A_2}(u_2) = \frac{1}{8},$$

但按完备性要求应 $\bar{\mu}_{\widetilde{A}_1 \cap \widetilde{A}_2}(u_2) = 0 \neq \frac{1}{8}$，所以模糊集交运算不具完备性，应改正。

再看 $\widetilde{A}_1$ 和 $\widetilde{B}_1$，

$$\bar{\mu}_{\widetilde{A}_1 \cap \widetilde{B}_1}(u_2) = \bar{\mu}_{\widetilde{A}_1}(u_2) \wedge \bar{\mu}'_{\widetilde{B}_1}(u_2) = \frac{1}{8} \wedge \frac{3}{260} = \frac{3}{260},$$

但 A_1 表示黑色的，B_1 表示由延胡索构成的，而 $\widetilde{A}_1 \cap \widetilde{B}_1$ 则应既是黑色的、又是延胡索构成的，而且 $\bar{\mu}'_{\widetilde{B}_1}(u_2) = \frac{3}{260}$，$u_2$ 是三种成份均匀合成的，$\bar{\mu}_{A_1}(u_2) = \frac{1}{8}$，所以，以完备性的要求，应有

$$\bar{\mu}_{\widetilde{A}_1 \cap \widetilde{B}_1}(u_2) = \frac{1}{8} \times \frac{3}{260} = \frac{3}{2080} \neq \bar{\mu}_{\widetilde{A}_1 \cap \widetilde{B}_1}(u_2) = \frac{3}{260}。$$

同样 $\bar{\mu}_{\widetilde{A}_1 \cup \widetilde{B}_1}(u_2) = \bar{\mu}_{\widetilde{A}_1}(u_2) + \bar{\mu}'_{\widetilde{B}_1}(u_2) - \bar{\mu}_{\widetilde{A}_1 \cap \widetilde{B}_1}(u_2)$

$$= \frac{1}{8} + \frac{3}{260} - \frac{3}{2080} = \frac{260 + 24 - 3}{2080} = \frac{281}{2080}$$

$$\neq \bar{\mu}_{\widetilde{A}_1}(u_2) \vee \bar{\mu}'_{\widetilde{B}_1}(u_2) = \frac{1}{8} \vee \frac{3}{260} = \frac{1}{8}。$$

1.5　说集不见集，实在很稀奇

纵观模糊数学的著作和文章，都是隶属函数式的模糊集，难见有真正集合意义下的模糊集，此乃"说集不见集"。能否实实

在在的构造一个集合使其隶属函数为其模糊集呢？本节即构造此例,进而指明模糊集的概念有进一步完善的必要。

1.5.1　集合的隶属(特征)函数

在经典集合中,论域 U 的子集 A 的隶属(特征)函数为

$$A(\mu) = \begin{cases} 1, \mu \in A \\ 0, \mu \notin A \end{cases}$$

其实,若定义改为

$$A(\mu) = \begin{cases} 100, \mu \in A \\ 0, \mu \notin A \end{cases}$$

这时,若 A、B 是 U 的两个子集,则

$$(A \bigcup B)(\mu) = A(\mu) \vee B(\mu)$$

$$(A \bigcap B)(\mu) = A(\mu) \wedge B(\mu)$$

$$A^C(\mu) = 100 - A(\mu)$$

再若定义改为

$$A(\mu) = \begin{cases} 0, \mu \in A \\ 1, \mu \notin A \end{cases}$$

也是可以的,不过直观上把 μ 不属于 A 的程度为 0。而不属于 A 的程度为 1(即百分之百),而这时

$$(A \bigcup B)(\mu) = A(\mu) \wedge B(\mu)$$

$$(A \bigcap B)(\mu) = A(\mu) \vee B(\mu)$$

$$A^C(\mu) = 1 - A(\mu)$$

从上述看出,一个集合可以有多种隶属函数,而且不同隶属

函数关于求并、交、余的运算也可以不同。

1.5.2　构造性举例

设 a_1,a_2,b_1,b_2 为四个互不相同的元素，令

$$\mu_1 = \{a_1,a_2\}, \quad \mu_2 = \{b_1,b_2\}$$

而论域 $U = \{\mu_1,\mu_2\}$，

取 $\widetilde{A}_{ij} = \{\{a_i\},\{b_j\}\}, \quad i,j \in \{1,2\}$。

则对 μ_1 来说，它的两个元素中的一个在 $\{a_i\}$ 中。所以 μ_1 对 $\widetilde{A}_{ij}$ 的隶属程度应为 $\dfrac{1}{2}$，同样，μ_2 对 $\widetilde{A}_{ij}$ 的隶属程度也应为 $\dfrac{1}{2}$。于是 $\widetilde{A}_{ij}$ 的隶属函数

$$\widetilde{A}_{ij}(x)： \qquad \widetilde{A}_{ij}(\mu_1) = \frac{1}{2}, \qquad \widetilde{A}_{ij}(\mu_2) = \frac{1}{2}。$$

故 $\widetilde{A}_{ij}(x)$ 是定义域为 U，其值在 $[0,1]$ 中，按照模糊数学中的模糊集的定义，$\widetilde{A}_{ij}(x)$ 是 U 的模糊集。同时，$\widetilde{A}_{ij}(x)$ 也是 $\widetilde{A}_{ij}$ 的隶属函数。而当 i,j 分别取 $\{1,2\}$ 中的不同值时，得到四个不同的集合：

$$\widetilde{A}_{11}、\widetilde{A}_{12}、\widetilde{A}_{21}、\widetilde{A}_{22}$$

但它们的隶属函数是相同的。说明模糊集与其隶属函数一般并不一一对应。可见，用隶属函数定义模糊集并非十分理想。虽然如此，从模糊数学的发展来看，那样的定义也还是很有价值的和需要进一步完善和发展的。

任何一门学说，都是由开始、发展和逐步完善的过程，开始会有不完善的地方，处理和表达模糊信息的数学形式的有关理论，也不例外，本书正是考虑了近些年来一些人在模糊数学的理论研究和应用研究中发现的一些问题的基础上，来考虑完善"处

理和表达模糊信息的数学工具"的。在这里考虑问题的思路和 L. A. Zadeh 有所不同。他当时把经典集合推广到模糊集合时, 着眼于特征函数。因为在他看来, 特征函数与其子集是互相唯一确定的。这在经典集合中是正确的。但想找来一种能用来表达和处理模糊信息的"模糊集"是否还有此性质, 当时谁也不知道。纵观模糊数学的著作, 文章都是隶属函数式的模糊集, 难见有真正集合意义下的模糊集。此乃"说集不见集"。$\tilde{A}_{ij}$ 才是真正集合意义下的模糊集, 而它的隶属函数则是隶属函数意义下的模糊集。而这里主要是从经典集合本身来推广到一种新的集合(被称之为清晰集, 如 $\tilde{A}_{ij}$, 也可以称之为集合式的模糊集)的。$\tilde{A}_{ij}$ 都是 U 的清晰集。因为它们的隶属函数满足模糊集的定义, 所以 $\tilde{A}_{ij}(x)$ 是模糊集。推广后的集合和隶属函数不是能相互唯一确定的, 模糊数学中产生的问题主要与此有关。清晰集实际上是集合意义下的模糊集, 它也是一个经典集合。只是隶属度对于每个 U 的元素来说不一定为 0 或 1。

　　模糊集的相等、包含、并、交运算都不具备概念的完备性, 尽管 1973 年 Belleman 特别给出定理证明 L. A. Zadeh 给出的并、交运算的合理性, 因为那是就错证错, 根本没考虑概念的完备性, 也应该改正。如何改正呢, 在这里我们像罗巴切夫否定欧氏几何中的平行公理, 建立罗氏几何进而证明欧氏几何是罗氏几何在某点附近的近似一样, 在这里我们要否定模糊集的有关基本概念, 建立"清晰集", 进而阐明模糊集是清晰集中的某种等价类。从而指出在模糊集的理论研究和应用中出现问题时, 应如何回到清晰集中找原因, 解决问题。

第2章

模糊关系矩阵合成运算错误讨论

"智者千虑,必有一失",爱因斯坦反对过量子力学和爱迪生反对过交流电的应用都是很好的明证。但是,他们的失误并不会影响他们的丰功伟绩,爱因斯坦还是个伟大的科学家,爱迪生仍是一大发明家。失误是难免的,失误的原因在于他们在这方面还了解甚少。Zadeh 是一位很有威望的控制论专家和模糊理论的创始人,一生对人类作出了很大贡献,但同样难免会出现失误。本节着重指出对模糊集理论应用的三个主要方面的聚类分析、模式识别和综合评判都有重要影响,且对模糊逻辑和模糊控制等亦很有关的模糊矩阵的合成运算所存在的必须改正的问题。

2.1 模糊矩阵与模糊关系简介

经典集合上的关系,实际上是一个直积上的子集,这里将介绍模糊关系。有限论域上的关系可用 Boole 矩阵表示,同样,有限论域上的模糊关系也可以用所谓模糊矩阵来表示。由于矩阵具有直观性、可操作性,因此,首先介绍模糊矩阵的一些基本知识,而后介绍模糊关系。

2.1.1　模糊矩阵的概念

定义 2-1　如果对于任意 $i=1,2,\cdots,m$; $j=1,2,\cdots,n$, 都有 $r_{ij}\in[0,1]$, 则称矩阵 $\boldsymbol{R}=(r_{ij})_{m\times n}$ 为模糊矩阵, 例如

$$\boldsymbol{R}=\begin{bmatrix}1 & 0 & 0.1\\ 0.5 & 0.7 & 0.3\end{bmatrix}$$

就是一个 2×3 阶模糊矩阵, 若 $r_{ij}\in\{0,1\}$, 则模糊矩阵变成 Boole 矩阵。

为了方便, 我们用 $\boldsymbol{\mu}_{m\times n}$ 表示 $m\times n$ 阶模糊矩阵全体, 若 R 是一个 $m\times n$ 阶模糊矩阵, 则记为 $R\in\boldsymbol{\mu}_{m\times n}$.

下面介绍几个特殊的模糊矩阵。

定义 2-2　分别称

$$O=\begin{bmatrix}0 & 0 & \cdots & 0\\ 0 & 0 & \cdots & 0\\ \cdots & \cdots & \cdots & \cdots\\ 0 & 0 & \cdots & 0\end{bmatrix}_{m\times n},$$

$$I=\begin{bmatrix}1 & 0 & \cdots & 0\\ 0 & 1 & \cdots & 0\\ \cdots & \cdots & \cdots & \cdots\\ 0 & 0 & \cdots & 1\end{bmatrix}_{m\times n},$$

$$E=\begin{bmatrix}1 & 1 & \cdots & 1\\ 1 & 1 & \cdots & 1\\ \cdots & \cdots & \cdots & \cdots\\ 1 & 1 & \cdots & 1\end{bmatrix}_{m\times n}$$

为零矩阵,单位矩阵,全称矩阵。

2.1.2　模糊矩阵的运算

1. 模糊矩阵间的关系及运算

定义 2 - 3　设 $A,B \in \pmb{\mu}_{m \times n}$,记 $A=(a_{ij})$,$B=(b_{ij})$,则

(1) 相等:$A=B \Leftrightarrow a_{ij}=b_{ij}$,$i=1,2,\cdots,m$;$j=1,2,\cdots,n$;

(2) 包含:$A \subseteq B \Leftrightarrow a_{ij} \leqslant b_{ij}$,$i=1,2,\cdots,m$;$j=1,2,\cdots,n$。

因此,对任何 $R \in \pmb{\mu}_{m \times n}$,总有

$$O \subseteq R \subseteq E$$

定义 2 - 4　(模糊矩阵的并、交、余运算)设
$A=(a_{ij})$,$B=(b_{ij}) \in \mu_{m \times n}$,则

(1) 并:$A \bigcup B \xlongequal{\Delta} (a_{ij} \bigvee b_{ij})_{m \times n}$,

(2) 交:$A \bigcap B \xlongequal{\Delta} (a_{ij} \bigvee b_{ij})_{m \times n}$,

(3) 余:$A^c \xlongequal{\Delta} (1-a_{ij})_{m \times n}$。

2. 模糊矩阵的合成运算

模糊矩阵的合成运算相当于矩阵的乘法运算。

定义 2 - 5　设 $A=(a_{ij})_{m \times s}$,$B=(b_{ij})_{s \times n}$,称模糊矩阵 $A \circ B = (c_{ij})_{m \times n}$ 为 A 与 B 的合成,

其中 $c_{ij}=\bigvee\limits_{k=1}^{s} (a_{ik} \bigwedge b_{kj})$,即

$$C=A \circ B \Leftrightarrow c_{ij}=\bigvee\limits_{k=1}^{s} (a_{ik} \bigwedge b_{kj})$$

2.1.3　模糊关系

1. 二元关系

关系是一个基本概念,在日常生活中有"朋友关系"、"师生

关系"等,在数学上有"大于关系"、"等于关系"等,而序对又可以表达两个对象之间的关系,于是,引进下面的定义。

定义 2-6 设 $X,Y \in T(U)$,$X \times Y$ 的子集 R 称为从 X 到 Y 的二元关系,特别地,当 $X=Y$ 时,称之为 X 上的二元关系,以后把二元关系简称为关系,其中 U 是论域,$T(U)$ 是 U 的幂集。

若 $(x,y) \in R$,则称 x 与 y 有关系,记为 xRy;若 $(x,y) \overline{\in} R$,则称 x 与 y 没有关系,记为 $x\bar{R}y$。R 的特征函数:

$$X_R(x,y) = \begin{cases} 1, & \text{当 } xRy \text{ 时} \\ 0, & \text{当 } x\bar{R}y \text{ 时} \end{cases}$$

【例 2-1】 设 $X=\{1,4,7,8\}$,$Y=\{2,3,6\}$,定义关系 $R \Leftrightarrow x < y$,称 R 为"小于"关系。于是

$$R = \{(1,2),(1,3),(1,6),(4,6)\}$$

【例 2-2】 设 $X=R$,则子集

$$R = \{(x,y) \mid (x,y) \in R \times R, y=x\}$$

是 R 上元素间的"相等"关系。

关系的性质主要有:自反性、对称性和传递性。

定义 2-7 设 R 是 X 上的关系。

(1)若 $\forall x \in X$,有 xRx,即 $X_R(x,x)=1$,则称 R 是自反的。

(2)$\forall x,y \in X$,若 $xRy \Rightarrow yRx$,即 $X_R(x,y)=X_R(y,x)$,则称 R 是对称的。

(3)$\forall x,y,z \in X$,若 $xRy,yRz \Rightarrow xRz$,$X_R(x,y)=1$,$X_R(y,z)=1 \Rightarrow X_R(x,z)=1$,

则称 R 是传递的。

【例 2-3】 设 N 为自然数集,N 上的关系"$<$"具有传递

性,但不具有自反性和对称性。

【**例 2 - 4**】　设 $T(X)$ 为 X 的幂集,$T(X)$ 上的关系"$\subseteq$"具有自反性和传递性,但不具有对称性。

2. 关系的矩阵表示法

关系的表示方法很多,除了用直积的子集表示外,对于有限论域情形,用矩阵表示在运算上更为方便。

定义 2 - 8　设两个有限集 $X = \{x_1, x_2, \cdots, x_m\}$,$Y = \{y_1, y_2, \cdots, y_n\}$,$R$ 是从 X 到 Y 的二元关系,即

R	y_1	y_2	$\cdots$	y_n
x_1	r_{11}	r_{12}	$\cdots$	r_{1n}
x_2	r_{21}	r_{22}	$\cdots$	r_{2n}
$\vdots$	$\vdots$	$\vdots$	$\vdots$	$\vdots$
x_m	r_{m1}	r_{m2}	$\cdots$	r_{mn}

其中 $r_{ij} = \begin{cases} 1, & \text{当 } x_i R\ y_j; \\ 0, & \text{当 } x_i \bar{R}\ y_j。\end{cases}$

称 $m \times n$ 矩阵 $R = (r_{ij})_{m \times n}$ 为 R 的关系矩阵,记为

$$R = \begin{bmatrix} r_{11} & r_{12} & \cdots & r_{1n} \\ r_{21} & r_{22} & \cdots & r_{2n} \\ \cdots & \cdots & \cdots & \cdots \\ r_{m1} & r_{m2} & \cdots & r_{mn} \end{bmatrix}$$

由定义可知,关系矩阵中的元素或是 0 或是 1,在数学上把诸元素只是 0 或 1 的矩阵称为 Boole 矩阵。因此,任何关系矩阵都是 Boole 矩阵。

【**例 2 - 5**】　中"$<$"关系 R 的关系矩阵为

$$R = \begin{bmatrix} 1 & 1 & 1 \\ 0 & 0 & 1 \\ 0 & 0 & 0 \\ 0 & 0 & 0 \end{bmatrix}$$

3. 关系的合成

通俗地讲,若兄妹关系记为 R_1,母子关系记为 R_2,即 x 与 y 有兄妹关系: xR_1y; y 与 z 有母子关系: yR_2z,那么 x 与 z 有舅甥关系,这就是关系 R_1 与 R_2 的合成,记为 $R_1 \circ R_2$。

定义 2-9　设 R_1 是从 X 到 Y 的关系, R_2 是从 Y 到 Z 的关系,则称 $R_1 \circ R_2$ 为关系 R_1 与 R_2 的合成,表示为

$$R_1 \circ R_2 = \{(x,z) \mid \exists y \in Y, \text{使}(x,y) \in R_1, (y,z) \in R_2\}。$$

$R_1 \circ R_2$ 是直积 $X \times Z$ 的一个子集,其特征函数为

$$X_{R_1 \cdot R_2}(x,z) \underset{=}{\triangle} \bigvee_{y \in Y}(X_{R_1}(x,y) \wedge X_{R_2}(y,z))。$$

【例 2-6】　设 $X = \{1,2,3,4\}$, $Y = \{2,3,4\}$, $Z = \{1,2,3\}$, R_1 是从 X 到 Y 的关系, R_2 是从 Y 到 Z 的关系,即

$$R_1 = \{(x,y) \mid x + y = 6\} = \{(2,4),(3,3),(4,2),\}$$

$$R_2 = \{(y,z) \mid y - z = 1\} = \{(2,1),(3,2),(4,3),\}$$

则 R_1 与 R_2 的合成

$$R_1 \circ R_2 = \{(2,3),(3,2),(4,1),\}$$

关系的合成也可以用矩阵表示。

设 $X = \{x_1, x_2, \cdots, x_m\}$, $Y = \{y_1, y_2, \cdots, y_s\}$, $Z = \{z_1, z_2, \cdots, z_n\}$,从 X 到 Y 的关系 R_1 的关系矩阵 $R_1 = (r_{ij})_{m \times n}$,从 Y 到 Z 的关系 R_2 的关系矩阵 $R_2 = (p_{ij})_{n \times s}$,则从 X 到 Z 的关系 $R_1 \circ R_2$ 的关系矩阵 $R_1 \circ R_2 = (c_{ij})_{m \times n}$,

其中 $c_{ij} = \bigvee_{k=1}^{s} (r_{ik} \wedge p_{kj}), i = 1, 2, \cdots, m; j = 1, 2, \cdots, n$。

下面将例 5 用关系矩阵来表示，设

$$R_1 = \begin{bmatrix} 0 & 0 & 0 \\ 0 & 0 & 1 \\ 0 & 1 & 0 \\ 1 & 0 & 0 \end{bmatrix},$$

$$R_2 = \begin{bmatrix} 1 & 0 & 0 \\ 0 & 1 & 0 \\ 0 & 0 & 1 \end{bmatrix},$$

则 $R_1 \circ R_2 = \begin{bmatrix} 0 & 0 & 0 \\ 0 & 0 & 1 \\ 0 & 1 & 0 \\ 1 & 0 & 0 \end{bmatrix} \circ \begin{bmatrix} 1 & 0 & 0 \\ 0 & 1 & 0 \\ 0 & 0 & 1 \end{bmatrix} = \begin{bmatrix} 0 & 0 & 0 \\ 0 & 0 & 1 \\ 0 & 1 & 0 \\ 1 & 0 & 0 \end{bmatrix},$

这就是例 5 的矩阵表示式。

4. 模糊关系

定义 2-10　设论域 U, V，称 $U \times V$ 的一个模糊子集 $\underset{\sim}{R} \in T(U \times V)$ 为从 U 到 V 的模糊关系，记为 $U \xrightarrow{R} V$. 其隶属函数为映射 $\mu_{\underset{\sim}{R}} : U \times V \to [0, 1], (x, y) \mapsto \mu_{\underset{\sim}{R}}(x, y) \xlongequal{\text{记为}} \underset{\sim}{R}(x, y)$。

并称隶属度 $\underset{\sim}{R}(x, y)$ 为 (x, y) 关于模糊关系 $\underset{\sim}{R}$ 的相关程度。

定义 2-11　设有三个论域 X, Y, Z, R_1 是 X 到 Y 的模糊关系，R_2 是 Y 到 Z 的模糊关系，则 R_1 与 R_2 的合成 $R_1 \circ R_2$ 是 X 到 Z 的一个模糊关系，其隶属函数为：

$$(R_1 \circ R_2)(x,z) \underset{=}{\triangle} \bigvee_{y \in Y} (R_1(x,y) \wedge R_2(y,z)) \qquad (2.1)$$

这个合成公式(2.1)也叫最大·最小合成公式。而更一般的公式为：

$$(R_1 \circ R_2)(x,z) \underset{=}{\triangle} \bigvee_{y \in Y} t \left(R_1(x,y), R_2(y,z) \right) \qquad (2.2)$$

其中 t 表示任一 $t-$范数。

合成公式(2.2)实际表示无限多公式的集合，其中包含(2.1)式。

2.1.4　模糊集合的其他运算

1. 模糊集的补集、并集和交集

我们知道以下基本算子，模糊集的补集、并集和交集：

$$\mu_{\bar{A}}(x) = 1 - \mu_A(x) \qquad (2.3)$$

$$\mu_{A \cup B}(x) = \max\left[\mu_A(x), \mu_B(x)\right] \qquad (2.4)$$

$$\mu_{A \cap B}(x) = \min\left[\mu_A(x), \mu_B(x)\right] \qquad (2.5)$$

式(2.4)中所定义的模糊集合 $A \cup B$ 是包含 A 和 B 的最小模糊集合，式(2.5)中所定义的模糊集合 $A \cap B$ 是 A 和 B 所包含的最大模糊集合。所以，式(2.3)～(2.5)所定义的只是模糊集合的一种算子，还有可能存在其他的算子。例如，可以将 $A \cup B$ 定义为任意一个包含 A 和 B 的模糊集(并不一定是最小的模糊集)。这里将研究关于模糊集的交集的其他类型的算子。

为什么需要研究其他类型的算子呢？主要原因在于，在某些条件下，算子式(2.3)～(2.5)也许并不令人满意。例如，当取两个模糊集的交集时，可能希望较大的模糊集对结果产生影响，但如果模糊交集选用式(2.5)中的最小(min)算子，则可能较大的模糊集是无法产生影响的。另一个原因在于，从理论上

研究何种类型的算子对模糊集合可行是很有意义的。大家知道,对于非模糊集来说,只有一种并集、补集和交集算子是可行的,而对于模糊集来说,可能还有其他类型的算子可行,那么这些算子是什么类型呢? 这些新算子有什么性质呢? 这些都是这里将要考虑的问题。

新算子是基于公理提出来的。为使运算合理,这里将从几个交集应满足的公理出发,列举一些满足这些公理的特定公式。

2. 模糊交 ——t - 范数

令映射 $t:[0.1] \times [0.1] \rightarrow [0.1]$,表示由模糊集 A 和 B 的隶属度函数向 A 和 B 的交集的隶属度函数转换的一个函数,即

$$t[\mu_A(x), \mu_B(x)] = \mu_{A \cap B}(x)$$

根据式(2.5)可知

$$t[\mu_A(x), \mu_B(x)] = min[\mu_A(x), \mu_B(x)]$$

为使函数 t 适合于计算模糊交的隶属度函数,它至少应满足以下的四个必要条件:

公理 t_1 $t(0,0) = 0, t(a,1) = t(1,a) = a$。(有界性)

公理 t_2 $t(a,b) = t(b,a)$。(交换性)

公理 t_3 如果 $a \leqslant a'$ 且 $b \leqslant b'$,则 $t(a,b) \leqslant t(a',b')$。(非减性)

公理 t_4 $t[t(a,b),c] = t[a,t(b,c)]$。(结合性)

定义 2 - 12   任意一个满足公理 t_1—t_4 的函数 $t:[0.1] \times [0.1] \rightarrow [0.1]$ 都叫做 t - 范数。

3. 模糊并 ——s - 范数

令 $s:[0.1] \times [0.1] \rightarrow [0.1]$,表示由模糊集 A 和 B 的隶属度函数向 A 和 B 的并集的隶属度函数的映射,即

$$s[\mu_A(x),\mu_B(x)]=\mu_{A\cup B}(x)$$

根据式(2.4)可知

$$s[\mu_A(x),\mu_B(x)]=\max[\mu_A(x),\mu_B(x)]$$

为使函数 s 适合于计算模糊并的隶属度函数,它必须至少满足以下四个必要条件:

公理 s_1　　$s(1,1)=1,s(0,a)=s(a,0)=a$。(有界性)

公理 s_2　　$s(a,b)=s(b,a)$。(交换性)

公理 s_3　　如果 $a\leqslant a'$ 且 $b\leqslant b'$,则 $s(a,b)\leqslant s(a',b')$。(非减性)

公理 s_4　　$s[s(a,b),c]=s[a,s(b,c)]$。(结合性)

公理 s_1 是模糊并集函数在边界处的特性;公理 s_2 保证运算结果与模糊集的顺序无关;公理 s_3 给出了模糊并的通用必要条件:两个模糊集合的隶属度值的上升会导致这两个模糊集的并集的隶属度值的上升;公理 s_4 则把模糊并运算扩展至两个模糊集合以上。

定义 2-13　　任意一个满足公理 $s_1—s_4$ 的函数 $s:[0.1]\times[0.1]\rightarrow[0.1]$ 都叫做 s-范数。

2.2　　模糊关系矩阵合成运算讨论

在2.1中简要地介绍了模糊交——t-范数的有关知识,这里主要是说明模糊关系矩阵合成运算存在的必须纠正的错误。

【例2-7】　　设 $X=\{1,2,3,4\},Y=\{2,3,4\},Z=\{1,2,3\}$,$R_1$ 是从 X 到 Y 的关系,R_2 是从 Y 到 Z 的关系,即

$$R_1 = \{(x,y) \mid x + y = 6\} = \{(2,4),(3,3),(4,2)\}$$

$$R_2 = \{(y,z) \mid y - z = 1\} = \{(2,1),(3,2),(4,3)\}$$

则 R_1 与 R_2 的合成

$$R_1 \circ R_2 = \{(x,z) \mid x + z = 5\} = \{(2,3),(3,2),(4,1)\}$$

用矩阵表示

R_1	2	3	4
1	0	0	0
2	0	0	1
3	0	1	0
4	1	0	0

即　$R_1 = \begin{bmatrix} 0 & 0 & 0 \\ 0 & 0 & 1 \\ 0 & 1 & 0 \\ 1 & 0 & 0 \end{bmatrix}_{4\times3}$

R_2	1	2	3
2	1	0	0
3	0	1	0
4	0	0	1

即　$R_2 = \begin{bmatrix} 1 & 0 & 0 \\ 0 & 1 & 0 \\ 0 & 0 & 1 \end{bmatrix}_{3\times3}$

而 R_1 与 R_2 的合成关系

$R_1 \circ R_2$	1	2	3
1	0	0	0
2	0	0	1
3	0	1	0
4	1	0	0

即 $R_1 \circ R_2 = \begin{bmatrix} 0 & 0 & 0 \\ 0 & 0 & 1 \\ 0 & 1 & 0 \\ 1 & 0 & 0 \end{bmatrix}_{4 \times 3}$

但按矩阵合成运算公式：$R_1 \circ R_2 = (c_{ij})_{m \times n}$，其中

$$c_{ij} = \bigvee_{k=1}^{s} (r_{ik} \wedge p_{kj})$$

则 $R_1 \circ R_2 = \begin{bmatrix} 0 & 0 & 0 \\ 0 & 0 & 1 \\ 0 & 1 & 0 \\ 1 & 0 & 0 \end{bmatrix} \circ \begin{bmatrix} 1 & 0 & 0 \\ 0 & 1 & 0 \\ 0 & 0 & 1 \end{bmatrix} = \begin{bmatrix} 0 & 0 & 0 \\ 0 & 0 & 1 \\ 0 & 1 & 0 \\ 1 & 0 & 0 \end{bmatrix}_{4 \times 3}$

从而看出，合成关系矩阵和按矩阵合成运算公式所得是一致的。

在这里我们得知，用矩阵表示关系，用运算公式求得合成关系是合理的。

将这里的矩阵合成运算公式搬到模糊矩阵中去，会不会有同样效果呢？下面将举例说明此公式照搬是不成的。

【例 2-8】 机器产地模型：设 $X = \{\mu\}, Y = \{D_1, D_2\}, Z = \{D\}$，其中，$\mu = \{a_1, a_2, a_3, a_4\}$，意即 μ 是一台机器由 4 个零件

a_1, a_2, a_3, a_4 构成，$D_1 = \{a_1, a_2\}$，意即 D_1 是分厂，a_1, a_2 是 D_1 分厂所生产。$D_2 = \{a_3, a_4\}$，意即 D_2 是又一个分厂，a_3, a_4 是 D_2 分厂所生产。$D = D_1 \bigcup D_2$ 意指 D 是总厂，D_1, D_2 为其分厂，则 R_1 表示 X 到 Y 的关系，R_2 是 Y 到 Z 的关系，即

$$R_1 = \{(x, y) \mid x \text{ 是 } y \text{ 厂生产的}\},$$

$$R_2 = \{(y, z) \mid y \text{ 是 } z \text{ 的分厂}\}。$$

R_1	D_1	D_2
μ	$\dfrac{1}{2}$	$\dfrac{1}{2}$

用矩阵表示 $R_1 = \left[\dfrac{1}{2}, \dfrac{1}{2}\right]_{1 \times 2}$

R_2	D
D_1	1
D_2	1

用矩阵表示 $R_2 = \begin{bmatrix} 1 \\ 1 \end{bmatrix}_{2 \times 1}$

而 R_1 与 R_2 这两个关系的合成是从 X 到 Z 的关系，意指 μ 是总厂 D 生产的，因为 D_1 和 D_2 都是 D 的分厂，所以有

$R_1 \circ R_2$	D
μ	1

用矩阵表示为 $[1]_{1 \times 1}$

但按模糊矩阵合成公式(2.1)得

$$R_1 \circ R_2 = \left[\dfrac{1}{2}, \dfrac{1}{2}\right]_{1 \times 2} \cdot \begin{bmatrix} 1 \\ 1 \end{bmatrix}_{2 \times 1} = \left[\left(\dfrac{1}{2} \wedge 1\right) \vee \left(\dfrac{1}{2} \wedge 1\right)\right]$$

$$= \left[\frac{1}{2}\right]_{1\times1} \neq [1]_{1\times1}$$

这里看出,用矩阵合成公式运算的结果,μ 的零件只有 $\frac{1}{2}$ 是 D 生产的,按模糊关系的合成,μ 的零件应全部是 D 生产的,可见矩阵合成公式算出的结果不是总可信的。

这里用的例子,特称为机器产地模型。

下面再按模糊矩阵合成公式(2.2)得

$$R_1 \circ R_2 = \left[\frac{1}{2}, \frac{1}{2}\right]_{1\times2} \cdot \left[\begin{matrix} 1 \\ 1 \end{matrix}\right]_{2\times1} = \left[t\left(\frac{1}{2}, 1\right) \vee t\left(\frac{1}{2}, 1\right)\right]_{1\times1}$$

$$= \left[\frac{1}{2} \vee \frac{1}{2}\right]_{1\times1} = \left[\frac{1}{2}\right]_{1\times1} \neq [1]_{1\times1}$$

【例 2-9】 集合元素属于模型:

设 $X = \{\mu_1 = \{a_1, a_2, a_3\}, \mu_2 = \{b_1, b_2, b_3, b_4\}\}$;

$Y = \{D_1 = \{a_1, b_1\}, D_2 = \{a_2, b_2\}\}$;

$Z = \{F_1 = \{a_1, a_2, b_1, b_2\}, F_2$

$= \{a_1, a_2, b_1, b_2, b_3\}\}$ 。

X 到 Y 的关系:$R_1 = \{(x, y) \mid x$ 的元素在 y 中$\}$,

R_1	D_1	D_2
μ_1	$\dfrac{1}{3}$	$\dfrac{1}{3}$
μ_2	$\dfrac{1}{4}$	$\dfrac{1}{4}$

即 $R_1 = \left[\begin{matrix} \dfrac{1}{3} & \dfrac{1}{3} \\ \dfrac{1}{4} & \dfrac{1}{4} \end{matrix}\right]_{2\times2}$

Y 到 Z 的关系:$R_2 = \{(y,z) \mid y$ 的元素在 z 中$\}$,

R_2	F_1	F_2
D_1	1	1
D_2	1	1

即 $R_2 = \begin{bmatrix} 1 & 1 \\ 1 & 1 \end{bmatrix}_{2\times 2}$

其关系合成:$R_1 \circ R_2 = \{(x,z) \mid x$ 的元素在 z 中$\}$,

$R_1 \circ R_2$	F_1	F_2
μ_1	$\dfrac{2}{3}$	$\dfrac{2}{3}$
μ_2	$\dfrac{2}{4}$	$\dfrac{3}{4}$

即 $R_1 \circ R_2 = \begin{bmatrix} \dfrac{2}{3} & \dfrac{2}{3} \\ \dfrac{2}{4} & \dfrac{3}{4} \end{bmatrix}_{2\times 2}$

但按合成公式(2.2)计算得:

$$R_1 \circ R_2 = \begin{bmatrix} \dfrac{1}{3} & \dfrac{1}{3} \\ \dfrac{1}{4} & \dfrac{1}{4} \end{bmatrix}_{2\times 2} \circ \begin{bmatrix} 1 & 1 \\ 1 & 1 \end{bmatrix}_{2\times 2}$$

$$= \begin{bmatrix} t(\dfrac{1}{3},1) \vee t(\dfrac{1}{3},1) & t(\dfrac{1}{3},1) \vee t(\dfrac{1}{3},1) \\ t(\dfrac{1}{4},1) \vee t(\dfrac{1}{4},1) & t(\dfrac{1}{4},1) \vee t(\dfrac{1}{4},1) \end{bmatrix}$$

$$
= \begin{bmatrix} \dfrac{1}{3} \vee \dfrac{1}{3} & \dfrac{1}{3} \vee \dfrac{1}{3} \\[2mm] \dfrac{1}{4} & \vee \dfrac{1}{4} \end{bmatrix}
$$

$$
= \begin{bmatrix} \dfrac{1}{3} & \dfrac{1}{3} \\[2mm] \dfrac{1}{4} & \dfrac{1}{4} \end{bmatrix} \neq \begin{bmatrix} \dfrac{2}{3} & \dfrac{2}{3} \\[2mm] \dfrac{2}{4} & \dfrac{3}{4} \end{bmatrix}
$$

可见,按矩阵合成公式(2.2)算出的结果在这里也是不可信的。

特别要指出的是,在利用合成公式(2.2)运算时,仅用到公理 $t(a,1)=t(1,a)=a$,t 是什么? 并没有具体化,可见合成公式(2.2)中虽然有无限多种具体合成公式,但哪一个也行不通,当然合成公式(2.1)也是合成公式(2.2)中的一个。

合成公式(2.2)可以说是最有蒙混性的公式,因为给人的印象是那是个公式的集合,当你用某个不行时,说明你用错了,应换个合适的,如何找合适的? 里边有没有合适的都不知,从 L. A. Zadeh 1975 年提出此合成公式(2.2)至今三十多年出现过:

Dombi　t-范数(1982),

Dubois-prade　t-范数(1980),

Yager　t-范数(1980)。

还有什么直积、爱因斯坦、代数积等 t-范数,可见人们是多么相信合成公式(2.2)的神秘。如今多亏用例1,例2,揭穿了合成公式(2.2)的蒙混性,否则还不知会有多少人致力于无为的新 t-范数的研究中。

【例2-10】 (父子关系模型)

设 a_1,a_2,a_3 为姓 a 的三个人，a_1 是 a_2 的父亲，a_2 是 a_3 的父亲；同样 b_1,b_2,b_3 是姓 b 的三个人，b_1 是 b_2 的父亲，b_2 是 b_3 的父亲；c_1,c_2,c_3 为姓 c 的三个人，c_1 是 c_2 的父亲，c_2 是 c_3 的父亲；d 是姓 d 的人。

令　$U=\{a_1,b_1,c_1\}$，$V=\{a_2,b_2,c_2\}$，$W=\{a_3,b_3,c_3\}$，$V'=\{d,b_2,c_2\}$。

再令关系

$P(U,V)=\{(x,y)\mid x$ 是 y 的父亲 $\}$，

$Q(V,W)=\{(x,y)\mid x$ 是 y 的父亲 $\}$，

$(P\circ Q)(U,W)=\{(x,y)\mid x$ 是 y 的爷爷 $\}$，用矩阵表示为

$P(U,V)$	a_2	b_2	c_2
a_1	1	0	0
b_1	0	1	0
c_1	0	0	1

即 $P(U,V)=\begin{bmatrix} 1 & 0 & 0 \\ 0 & 1 & 0 \\ 0 & 0 & 1 \end{bmatrix}_{3\times3}$

$Q(V,W)$	a_3	b_3	c_3
a_2	1	0	0
b_2	0	1	0
c_2	0	0	1

即 $Q(V,W)=\begin{bmatrix} 1 & 0 & 0 \\ 0 & 1 & 0 \\ 0 & 0 & 1 \end{bmatrix}_{3\times3}$

$(P \circ Q)$ / (U,W)	a_3	b_3	c_3
a_1	1	0	0
b_1	0	1	0
c_1	0	0	1

即 $(P \circ Q)(U,W) = \begin{bmatrix} 1 & 0 & 0 \\ 0 & 1 & 0 \\ 0 & 0 & 1 \end{bmatrix}_{3\times3}$

而按模糊学中的关系矩阵合成公式

$$\mu_{P \cdot Q}(x,z) = \max_{y \in V} t \left[\mu_P(x,y), \mu_Q(y,z) \right]$$

$P \circ Q$ 是 $P(U,V)$ 和 $Q(V,W)$ 的合成,其中 t 表示任一 t 范数,得

$$P(U,V) \circ Q(V,W) = \begin{bmatrix} 1 & 0 & 0 \\ 0 & 1 & 0 \\ 0 & 0 & 1 \end{bmatrix} \circ \begin{bmatrix} 1 & 0 & 0 \\ 0 & 1 & 0 \\ 0 & 0 & 1 \end{bmatrix}$$

$$= \begin{bmatrix} t(1,1) \vee t(0,0) \vee t(0,0) & t(1,0) \vee t(0,1) \vee t(0,0) & t(1,0) \vee t(0,0) \vee t(0,1) \\ t(0,1) \vee t(1,0) \vee t(0,0) & t(0,0) \vee t(1,1) \vee t(0,0) & t(0,0) \vee t(1,0) \vee t(0,1) \\ t(0,1) \vee t(0,0) \vee t(1,0) & t(0,0) \vee t(0,1) \vee t(1,0) & t(0,0) \vee t(0,0) \vee t(1,1) \end{bmatrix}$$

$$= \begin{bmatrix} 1 & 0 & 0 \\ 0 & 1 & 0 \\ 0 & 0 & 1 \end{bmatrix}$$

于是知 $(P \circ Q)(U,W) = P(U,V) \circ Q(V,W)$,即合成关系矩阵等于关系矩阵的合成。

下面我们再看

$P(U,V')$	d	b_2	c_2
a_1	0	0	0
b_1	0	1	0
c_1	0	0	1

即 $P(U,V') = \begin{bmatrix} 0 & 0 & 0 \\ 0 & 1 & 0 \\ 0 & 0 & 1 \end{bmatrix}_{3\times3}$

$Q(V',W)$	a_3	b_3	c_3
d	0	0	0
b_2	0	1	0
c_2	0	0	1

即 $Q(V',W) = \begin{bmatrix} 0 & 0 & 0 \\ 0 & 1 & 0 \\ 0 & 0 & 1 \end{bmatrix}_{3\times3}$

于是,有

$$P(U,V') \circ Q(V',W) = \begin{bmatrix} 0 & 0 & 0 \\ 0 & 1 & 0 \\ 0 & 0 & 1 \end{bmatrix} \circ \begin{bmatrix} 0 & 0 & 0 \\ 0 & 1 & 0 \\ 0 & 0 & 1 \end{bmatrix}$$

$$= \begin{bmatrix} 0 & 0 & 0 \\ 0 & 1 & 0 \\ 0 & 0 & 1 \end{bmatrix} \neq \begin{bmatrix} 1 & 0 & 0 \\ 0 & 1 & 0 \\ 0 & 0 & 1 \end{bmatrix}$$

从而知 $(P \circ Q)(U,W) \neq P(U,V') \circ Q(V',W)$ 即合成关系

矩阵不等于关系矩阵的合成。这里所举例子叫做父子关系模型。

由父子关系模型中我们得知如下几点：

(1) 由 $(P \circ Q)(U, W) \neq P(U, V') \circ Q(V', W)$，即合成关系矩阵不等于关系矩阵的合成知，就普通二元关系，模糊学中的定理[18] 对任意 $(x, z) \in U \times W$，当且仅当

$$\mu_{P \circ Q}(x, z) = \max_{y \in V} t \left[\mu_P(x, y), \mu_Q(y, z) \right]$$

时，$(P \circ Q)$ 是 $P(U, V)$ 和 $Q(V, W)$ 的合成，其中 t 表示任一 t 一范数，是不终成立的，而此定理是将普通二元关系的合成推向模糊二元关系的合成的理论基础。

(2) 在文[18]P_{39} 中有这么一段：令 $P(U, V)$ 和 $Q(V, W)$ 表示两个共用一个公共集 V 的普通二元关系。定义 P 和 Q 的合成为 $U \times W$ 中的一个关系，记作 $(P \circ Q)$。它满足 $(x, z) \in P \circ Q$ 的充要条件是至少存在一个 $y \in V$ 使 $(x, y) \in P$ 且 $(y, z) \in Q$。而在父子关系模型中清楚地看到至少存在一个 $y \in V$ 使 (x, y) $\in P$ 且 $(y, z) \in Q$ 是 $(x, z) \in P \circ Q$ 的充分条件而非必要条件。因为在 V' 中不存在 a_1 的儿子 a_2 和 a_3 的父亲 a_2，但 a_2 是存在的，仅不在 V' 中，所以这时 a_1 仍然是 a_3 的爷爷。当我们设 $N = \{x \mid x$ 是人$\}$ 时，在父子关系模型中令 $N = V'$ 时，则一定有

$$(P \circ Q)(U, W) = P(U, V') \circ Q(V', W)$$

从这里可以启发如何定义关系的合成。

(3) 在普通二元关系和合成的概念情况下，既能推出 a_1 是 a_3 的爷爷，又能推出 a_1 不是 a_3 的爷爷，同时成立，这样的体系难能使人满意。

(4) $P(U, V), P(U, V'), Q(V', W), Q(V, W)$ 是不同的四个关系呢？还是同一个（父子）关系？按照文[18]P_{35} 的定义是四

个不同的关系,因为它们是不同集合的不同子集。作为集合一般是不可能相等的,另一方面,它们确实都在想用来表示父子关系。

由上所知关于二元关系及其合成的概念都是需认真对待的。

在公式(2.2)中,t — 范数是任意的,而 s — 范数则是用了取大"$\vee$"一个特殊的,所以人们会进一步想到,s — 范数也是无限多的集合,于是用 s — 范数替换"$\vee$"时得公式:

$$(\underset{\sim}{R_1} \circ \underset{\sim}{R_2})(x,z) \underset{\overline{\underline{\underline{\underline{=}}}}}{\triangle} \underset{y \in Y}{s} \ t \ (\underset{\sim}{R_1}(x,y), \underset{\sim}{R_2}(y,z)) \qquad (2.6)$$

其中 s 表示任一 s — 范数,t 表示任一 t — 范数。

这是一个公式的集合,其中会不会存在一个可以彻底解决模糊关系矩阵合成公式问题呢? 下面还利用"父子关系模型"来证明公式(2.6)中也不存在可以彻底解决模糊关系矩阵合成公式问题,进而指明欲解决此问题必须抛开 L. A. Zadeh 的 s — 范数和 t — 范数的思路再找它途。

$$P(U,V') \circ Q(V',W) = \begin{bmatrix} 0 & 0 & 0 \\ 0 & 1 & 0 \\ 0 & 0 & 1 \end{bmatrix} \circ \begin{bmatrix} 0 & 0 & 0 \\ 0 & 1 & 0 \\ 0 & 0 & 1 \end{bmatrix}$$

$$= \begin{bmatrix} t(0,0)st(0,0)st(0,0) & t(0,0)st(0,1)st(0,0) & t(0,0)st(0,0)st(0,1) \\ t(0,0)st(1,0)st(0,0) & t(0,0)st(1,1)st(0,0) & t(0,0)st(1,0)st(0,1) \\ t(0,1)st(0,0)st(1,0) & t(0,0)st(0,1)st(1,0) & t(0,0)st(0,0)st(1,1) \end{bmatrix}$$

$$= \begin{bmatrix} 0s0s0 & 0s0s0 & 0s0s0 \\ 0s0s0 & 0s1s0 & 0s0s0 \\ 0s0s0 & 0s0s0 & 0s0s1 \end{bmatrix}$$

$$= \begin{bmatrix} 0 & 0 & 0 \\ 0 & 1 & 0 \\ 0 & 0 & 1 \end{bmatrix}_{3\times3}$$

$$\neq \begin{bmatrix} 1 & 0 & 0 \\ 0 & 1 & 0 \\ 0 & 0 & 1 \end{bmatrix} = (P \circ Q)(U,W)$$

即 $P(U,V') \circ Q(V',W) \neq (P \circ Q)(U,W)$。

这说明关系合成的矩阵不等于关系矩阵按公式(2.2)的合成。

特别要指出的是,在利用公式(2.2)运算时,仅用到公理 $t(a,1) = t(1,a) = a$ 和 $s(0,a) = s(a,0) = a$ 和 $s[s(a,b),c] = s[a,s(b,c)]$,$t$ 是什么、s 是什么并没有具体化,可见合成公式(2.2)中虽有无穷多种具体合成公式,但哪一个也不行。从而看出沿着 L. A. Zadeh 的 t-范数和 s-范数的思路要彻底解决模糊矩阵合成公式问题是行不通的。

第3章

清 晰 集

定义是个概念,当概念和人们想象不符时即产生词不达意,此乃违背了概念原理的完备性。如果给出错误的定义:"四条腿的动物叫狗"。按照此定义研究狗并将研究成果用于实践时,就有可能出现喂只老鼠来看家的怪事。因为老鼠也是有四条腿的动物,按定义是狗。这岂不怪哉。

模糊学中的种种错误促使我们要想准确解释模糊现象就需要建立新的理论 —— 清晰理论。

3.1　模糊数学危机原因分析

对于狗的定义加上"会看家",对于周期函数的定义中加上"$x \in D_f \to x \pm T \in D_f$"即可。都是无意地缩小了概念的内涵,从而扩大了外延。对"模糊集"的概念 L. A. Zadeh 先生也是无意中缩小了概念的内涵,扩大了外延,为什么?

设 X 是一普通集合,在经典集合中则$(T(x), \bigcup, \bigcap, ^c)$ 是个布尔格也叫布尔代数,其中最大元为 X,最小元为 φ。

在布尔格中补元唯一且有性质:

(1)幂等律　$x \bigcup x = x, x \bigcap x = x$;

(2) 交换律　$x \bigcup y = y \bigcup x, x \bigcap y = y \bigcap x$;

(3) 结合律　$(x \bigcup y) \bigcup z = x \bigcup (y \bigcup z)$,

$\qquad\qquad (x \bigcap y) \bigcap z = x \bigcap (y \bigcap z)$;

(4) 吸收律　$x \bigcup (x \bigcap y) = x$,

$\qquad\qquad x \bigcap (x \bigcup y) = x$;

(5) 分配律　$x \bigcup (y \bigcap z) = (x \bigcup y) \bigcap (x \bigcup z)$,

$\qquad\qquad x \bigcap (y \bigcup z) = (x \bigcap y) \bigcup (x \bigcap z)$;

(6) 0—1律　$x \bigcup O = x, x \bigcap O = 0$,

$\qquad\qquad x \bigcup I = x, x \bigcap I = x$;

(7) 复原律　$\bar{\bar{x}} = x$;

(8) De Morgan 律　$\overline{x \bigcup y} = \bar{\bar{x}} \bigcap \bar{y}$,

$\qquad\qquad\qquad x \bigcup \bar{\bar{x}} = I, x \bigcap \bar{\bar{x}} = O$;

(9) 排中律　$x \bigcup \bar{\bar{x}} = I, x \bigcap \bar{\bar{x}} = O$。

而在 L. A. Zadeh 提出的模糊集中，$F(x)$，$\bigcup$，$\bigcap$，^{c} 中仅不满足排中律，故是个 De. Morgan 格也叫软代数。可见，L. A. Zadeh 在定义模糊集时，无意中把排中律丢失了。这就像在狗的定义中丢失"会看家"，结果导致养只老鼠看家。如果老鼠应从狗中去掉，那么模糊集不满足排中律也该从集合中去掉。模糊学中出现那么多的问题，主要就是模糊集的代数结构是个软代数而不是布尔代数，是因不满足排中律引起的，很难想象论域（一个普通集合）X 的一个子集 A 和其余集 A^c，使 $A \bigcup A^c \neq X$ 和 $A \bigcap A^c \neq \Phi$ 成立，可是模糊集中却出现了。

3.2　清晰集的概念及运算

3.2.1　清晰集的概念

【例 3-1】　（有色圆模型）（第 1 章第 4 节例 1），设论域

$$U = \left\{ \mu_1 (半黑半红圆), \mu_2 (\frac{1}{4} 黑 \quad \frac{1}{4} 红 \quad \frac{1}{2} 白圆), \right.$$

$$\left. \mu_3 (白圆) \right\},$$

在 U 中任意取出若干个新组成的集合，如 $A = \{\mu_1, \mu_3\}$ 或 $B = \{\mu_2, \mu_3\}$ 等就是 U 的经典子集。当在 U 中取出若干个元素的一部分时，例如取 μ_1 中黑色的那一部分记作 $\Delta\mu_1$（黑半圆），取 μ_2 中红色的那一部分，记作 $\Delta\mu_2$（$\frac{1}{4}$ 红圆）组成集合 $\underline{A} = \{\Delta\mu_1, \Delta\mu_2\}$，就叫做论域 U 的一个清晰子集。

定义 3-1　设论域

$U = \{\mu_i \mid i = 1, 2, \cdots, n\}$，$\Delta\mu_j$ 是 μ_j 的一部分，或者 $\Delta\mu_j$ 叫 μ_j 的某一个子集，则集合

$$\underline{A} = \{\Delta\mu_j \mid 0 < j \leqslant n\},$$

叫做 U 的一个清晰子集，简称清晰集。

指出以下几点：

（1）论域 U 中元素 μ_i 这里理解为一个经典集合，它的子集就是它的一个部分 $\Delta\mu_i$，$\Delta\mu_i = \mu_i$ 时清晰集成为经典集，故是其推广。

（2）这里是用经典集合来定义清晰集的，抛开了特征

函数。

（3）对于每个 μ_i 对清晰集 $\underline{A}$ 来说可以是部分属于，部分不属于，这就是 μ_i 的亦此亦彼的模糊性，这表明清晰集可以用来描述亦此亦彼的模糊性。

【**例 3 - 2**】　商品的条形码是由 30 条磅值不全相等的黑线和 29 条空（白线）规则排列及其对应代码组成，是表示商品特定信息的标识。令 $O_{黑白}$＝条形码，$O_{黑}$＝{条形码中的黑线}，$O_{白}$＝{条形码中的白线}。$O_{黑}$，$O_{白}$ 的长度分别为条形码总长度的一半，即 $O_{黑白}$＝{$O_{黑}$，$O_{白}$}。设论域 X＝{$O_{黑白}$}，若有人问 $O_{黑白}$ 属于黑长方形吗？回答应是黑线部分属于，白线部分不属于，即部分属于部分不属于。

令

$$\mu_黑:\quad X \to [0,1],$$

$$x \mapsto \mu_黑(x) = \frac{1}{2},(x = O_{黑白})$$

则按模糊理论映射 $\mu_黑$ 确定一模糊集记为 $\underline{A}$＝{黑长方形}，$\frac{1}{2}$ 为条形码隶属 $\underline{A}$ 的程度。

同样有人问 $O_{黑白}$ 属于白长方形吗？回答应是白色部分属于白长方形，黑色部分不属于白长方形，再令

$$\mu_白:\quad X \to [0,1]$$

$$x \mapsto \mu_白(x) = \frac{1}{2},(x = O_{黑白})$$

则映射 $\mu_白$ 确定一模糊集记为 $\underline{B}$＝{白长方形}，$\frac{1}{2}$ 为条形码隶属 $\underline{B}$ 的程度。

$\mu_白$ 和 $\mu_黑$ 它们的定义域 X 相同，且函数值也相同，故 $\mu_黑(x)$

$\equiv \mu_白(x), (x = O_{黑白})$。而且 $\mu_黑^c = 1 - \dfrac{1}{2} = \mu_白$，$\mu_白^c = 1 - \dfrac{1}{2} = \mu_黑$，即 $\mu_黑$ 与 $\mu_白$ 互为补集。

按照模糊集的理论：

$$\mu_白 \bigcup \mu_白^c = \frac{1}{2} \vee \frac{1}{2} = \frac{1}{2} \neq 1 \quad \mu_黑 \bigcup \mu_黑^c = \frac{1}{2} \vee \frac{1}{2} = \frac{1}{2} \neq 1$$

$$\mu_白 \bigcap \mu_白^c = \frac{1}{2} \wedge \frac{1}{2} = \frac{1}{2} \neq 0$$

$$\mu_黑 \bigcap \mu_黑^c = \frac{1}{2} \wedge \frac{1}{2} = \frac{1}{2} \neq 0$$

即排中律不成立。

这里虽然 $\mu_白 = \mu_黑$ 是一个，但从它们的背景看，表示的含意绝不能相同。从而用来表达和处理部分属于部分不属于的模糊性的模糊集 $\underset{\sim}{A}$ 和他的隶属函数并非是互相唯一确定的（这是模糊集理论的一个重大失误）。$\mu_{\underset{\sim}{A}}$ 可以是若干个模糊集 $\underset{\sim}{A}$ 的共同的隶属函数。实际上模糊集的定义中仅有 $\mu_{\underset{\sim}{A}}$，即仅有一个称做隶属函数的函数，哪有什么另外的模糊集，因此根本无所谓证明 $\mu_{\underset{\sim}{A}}$ 与 $\underset{\sim}{A}$ 是互相唯一确定的。

令 $\underline{A} = \{O_黑\}$，$B = \{O_白\}$，则 $\underline{A}$，B 为论域 X 的两个清晰子集，对于 X 的元素 $O_{黑白}$（条形码）部分属于 $\underline{A}$ 或 B 部分不属于 $\underline{A}$ 或 B，故清晰集能表示亦此亦彼的模糊现象。

定义 3-2　设 $\underline{A}$、B 是论域 U 的两个清晰子集，当对于 U 的任意元素 μ，有 μ 的在 $\underline{A}$ 中的部分 $\Delta\mu_{\underline{A}}$，即 $\Delta\mu_{\underline{A}} \in \underline{A}$，都有 $\Delta\mu_{\underline{A}} \in B$ 时，称 $\underline{A}$ 包含于 B 或 B 包含 $\underline{A}$，记作 $\underline{A} \subseteq B$，当 $\underline{A} \subseteq B$ 且 $B \subseteq \underline{A}$ 时，称 $\underline{A}$ 等于 B，记作 $\underline{A} = B$，在这里我们定义清晰集 $\underline{A}$ 和 B 的包含和相等时抛开了特征函数的概念。

3.2.2 清晰集的运算

设论域 $U = \{\mu_1, \mu_2, \cdots, \mu_n\}$，而它的清晰集

$$\underline{A} = \{\Delta\mu_1, \Delta\mu_2, \cdots, \Delta\mu_n\},$$

$$\underline{B} = \{\Delta'\mu_1, \Delta'\mu_2, \cdots, \Delta'\mu_n\},$$

其中某 $\Delta\mu_i$ 或 $\Delta'\mu_i$ 可能不存在,这时认为 $\Delta\mu_i$ 或 $\Delta'\mu_i$ 是 μ_i 的空子集。则其并、交分别为:

$$\underline{A} \cup \underline{B} = \{\Delta\mu_1 \cup \Delta'\mu_1, \Delta\mu_2 \cup \Delta'\mu_2, \cdots, \Delta\mu_n \cup \Delta'\mu_n\},$$

$$\underline{A} \cap \underline{B} = \{\Delta\mu_1 \cap \Delta'\mu_1, \Delta\mu_2 \cap \Delta'\mu_2, \cdots, \Delta\mu_n \cap \Delta'\mu_n\},$$

即,若 $\Delta\mu_i \in \underline{A}, \Delta'\mu_i \in \underline{B}, (i = 1, 2, \cdots, n)$ 则

$$(\Delta\mu_i \cup \Delta'\mu_i) \in (\underline{A} \cup \underline{B}), (\Delta\mu_i \cap \Delta'\mu_i) \in (\underline{A} \cap \underline{B}),$$

而 $\underline{A}$ 的补集 $\underline{A}^c = \{(\Delta\mu_1)^c, (\Delta\mu_2)^c, \cdots, (\Delta\mu_n)^c\}$。

【例 3-3】 (为方便理解,仍举有色圆模型),设

$$U = \left\{ \mu_1\left(\frac{1}{2} \text{ 黑 } \frac{1}{2} \text{ 红圆}\right), \mu_2\left(\frac{1}{4} \text{ 黑 } \frac{1}{4} \text{ 红 } \frac{1}{2} \text{ 白圆}\right), \mu_3(\text{白圆}) \right\}.$$

U 的子集

$$\underline{A} = \left\{ \Delta\mu_1\left(\frac{1}{2} \text{ 黑圆}\right), \Delta\mu_2\left(\frac{1}{4} \text{ 黑圆}\right) \right\},$$

$$\underline{B} = \left\{ \Delta'\mu_1\left(\frac{1}{2} \text{ 红圆}\right), \Delta'\mu_2\left(\frac{1}{4} \text{ 红圆}\right) \right\},$$

则 $\underline{A} \cup \underline{B} = \left\{ \Delta''\mu_1\left(\frac{1}{2} \text{ 黑}\frac{1}{2} \text{ 红圆}\right), \Delta''\mu_2\left(\frac{1}{2} \text{ 黑}\frac{1}{2} \text{ 红半圆}\right) \right\}$

$\qquad = \{\Delta''\mu_1(\text{半黑半红圆}), \Delta''\mu_2(\text{半黑半红半圆})\}$

$\underline{A} \cap \underline{B} = \{\Delta''\mu_1(\varphi), \Delta''\mu_2(\varphi)\} = \varphi$

$$A^c = \{\Delta''''\mu_1 (\frac{1}{2} 红圆), \Delta''''\mu_2, \mu_3 (白圆)\}$$

$$= \{半红圆, 90^o 红 180^o 白的扇形, \mu_3 (白圆)\}$$

其中 $\Delta''''\mu_2$ 是 μ_2 去掉 $\frac{1}{4}$ 黑色部分所成的扇形。

　　和经典集合一样可讨论其封闭性、交换律、结合律,单位元的存在性、吸收律、分配律、幂等律、两极律、对合律、对偶律等,这里暂不讨论。

3.2.3　清晰集的量化

　　在经典集合中论域 U 上的子集,有一个定义在 U 上取值在 $\{0,1\}$ 上的函数叫做子集的特征函数,特征函数由子集唯一确定,子集也由特征函数唯一确定,从而我们既可以把子集看做函数也可以把函数看做子集。L. A. Zadeh 当初就是从这里把取由 $\{0,1\}$ 变为 $[0,1]$ 来推广经典集合而得模糊集的,而我们这里是将 $\mu \in A$ 变为 $\Delta\mu \in \underline{A}$ 来推广经典集合而得清晰集的。清晰集的量化就是想找一个定义域为论域 U 而值在 $[0,1]$ 中的函数,做为清晰集 $\underline{A}$ 的量化值,用怎样的函数做为 $\underline{A}$ 的量化值呢?若随便给以定义在 U 上取值在 $[0,1]$ 中的函数作为 $\underline{A}$ 的量化值,那是很容易的,但要使它的值能反映 u_i 属于 $\underline{A}$ 的程度且在集之间的运算中能在函数之间反映出来,那就需要认真地确定了。下面给出几种清晰集的量化方法。

　　1. 清晰集的几何量化法

　　设　　论域

$$U = \{\mu_1, \mu_2, \cdots, \mu_n\}$$

它的一个清晰集

$$A = \{\Delta\mu_1, \Delta\mu_2, \cdots, \Delta\mu_n\}$$

当其中某 $\Delta\mu_i = o$ 时,认为其没在 A 中出现。当 μ_i 为平面图形时,也用 μ_i 表示其图形的面积,同样用 $\Delta\mu_i$ 表示其面积,则定义在 U 上取值于 $[0,1]$ 中的函数

$$A(x) = \frac{\Delta x}{x}, x = \mu_i \quad (i = 1, 2, \cdots, n)$$

叫做 A 的量化值,也叫 A 的隶属函数。

当 μ_i 为任意曲面、任意曲线、任意几何体时,可类似定义 A 的量化值,不同的仅在于 μ_i 为任意曲面的面积、任意曲线的长度、任意几何体的体积。

2. 清晰集的物理量化法

设　论域

$$U = \{u_1, u_2, \cdots, u_n\}$$

它的一个清晰集

$$A = \{\Delta u_1, \Delta u_2, \cdots, \Delta u_n\}$$

当 u_i 为某一物体时,也用 u_i 表示该物体的重量,同样用 Δu_i 表示其重量,则定义在 U 上取值于 $[0,1]$ 中的函数

$$A(x) = \frac{\Delta x}{x}, x = u_i \quad (i = 1, 2, \cdots, n)$$

叫 A 的量化值,也叫 A 的隶属函数。当 u_i 表示物体的质量时,类似地,也可以定义 A 的量化值。

3. 清晰集的概率量化法

设　论域

$$U = \{u_1, u_2, \cdots, u_n\}$$

设 u_i 是已定的概率样本空间,而 u_i 的子集 Δu_i 即事件,它的概率

为 $P(\Delta \mu_i)$。而 U 的清晰集

$$\underline{A} = \{\Delta u_1, \Delta u_2, \cdots, \Delta u_n\}$$

则定义在 U 上取值于 $[0,1]$ 中的函数

$$\underline{A}(x) = P(\Delta x), x = u_i \quad (i = 1, 2, \cdots, n)$$

叫做 $\underline{A}$ 的量化值,也叫 $\underline{A}$ 的隶属函数。当 $P(\Delta \mu_i) = \dfrac{\Delta u_i}{u_i}$ 时,即为几何量化值和物理量化值,量化值即隶属函数。这里可以看出,由于不同的事件,可以有相同的概率,所以不同的清晰集 $\underline{A}$ 和 $\underline{B}$,它们的隶属函数 $\underline{A}(x)$ 和 $\underline{B}(x)$ 可以相同: $\underline{A}(x) = \underline{B}(x)$,所以,在清晰集中和经典集合不同,在经典集合中,隶属函数可以确定唯一集合,集合唯一确定隶属函数,而清晰集中一个隶属函数可以是不同清晰集的。正因为如此,在经典集合中隶属函数也叫特征函数,而在清晰集中只谈隶属函数,不叫特征函数。

3.2.4　清晰集并、交、余的隶属函数

根据清晰集 $\underline{A}$、$\underline{B}$ 的定义,$\underline{A} \bigcup \underline{B}$、$\underline{A} \bigcap \underline{B}$、$\underline{A}^c$ 定义和概率量化法定义得

$$(\underline{A} \bigcup \underline{B})(x) = \underline{A}(x) + \underline{B}(x) - (\underline{A} \bigcap \underline{B})(x),$$

$$(\underline{A}^c)(x) = 1 - \underline{A}(x),$$

连同 $(\underline{A} \bigcap \underline{B})(x)$ 都是完全确定的,不像模糊集的取大取小都是人为设定的。

【例 3-4】　设论域

$$U = \{\mu_1, \mu_2\}$$

且

$$\mu_1 = \{a_1, a_2, a_3, a_4\}$$

$$\mu_2 = \{b_1, b_2, b_3, b_4, b_5, b_6\}$$

其中 a_1, a_2 和 b_1, b_2, b_3 为美国制造的零件,而 a_3, a_4 和 b_4, b_5, b_6 为法国造的零件,于是,得清晰集:

$$\underline{D} = \{\{a_1, a_2\}, \{b_1, b_2, b_3\}\} \text{ 和 } \underline{F} = \{\{a_3, a_4\}, \{b_4, b_5, b_6\}\}$$

U 的清晰集 $\underline{D}, \underline{F}$ 的隶属函数分别为:

$$\underline{D}(x): \underline{D}(\mu_1) = \frac{1}{2}, \underline{D}(\mu_2) = \frac{1}{2}$$

$$\underline{F}(x): \underline{F}(\mu_1) = \frac{1}{2}, \underline{F}(\mu_2) = \frac{1}{2}$$

它们都是定义域为 U,取值在 $[0,1]$ 的函数,而 $\frac{1}{2}$ 则对 $\underline{D}(x)$ 来说对应着 U 中的汽车 μ_1, μ_2 的零件在美国造的是其全部零件的百分比,对 $\underline{F}(x)$ 来说对应着在法国造零件是其全部零件的百分比,即车属于美国车和法国车的程度,即 μ_1, μ_2 隶属于 $\underline{D}$ 和 $\underline{F}$ 的程度,Zadeh 灵感到隶属程度即经典集的隶属度,所以 $\underline{D}(x)$ 和 $\underline{F}(x)$ 是某个集的隶属函数,在经典集中 $\underline{D}(x)$ 和 $\underline{F}(x)$ 取值应在 $\{0,1\}$ 中,但现在成了 $[0,1]$,于是大胆的提出了模糊集的概念(他说的模糊集实指其隶属函数),$\underline{D}(x)$ 和 $\underline{F}(x)$ 都是模糊集。虽然有很多需要完善的地方,但当时这是表达和处理模糊信息的唯一数学工具,由此为模糊学作出了不小贡献。进而盲目地将 1.2 中的 (1)—(5) 错误地照搬,就出现了如下问题:

1. 由于 $\underline{D}(x) = \underline{F}(x)$,按照模糊集来说是一个模糊集,由于认为模糊集和其隶属函数是互相唯一确定的,所以 $\underline{D}(x)$ 和 $\underline{F}(x)$ 是一个,但从清晰集来看是不同的两个清晰集,而它们的隶属函数相同,而客观上看 $\underline{D}$ 是美国造零件的集合,而 $\underline{F}$ 是法国造零件的集合,怎么也不会相等。

2. 由于 $\underline{D}(x)=\underline{F}(x)$，按照模糊集来说 $\underline{D}\subseteq\underline{F}$，可是 $\underline{D}(x)$ 和 $\underline{F}(x)$ 分别表示美国造零件和法国造零件与汽车的全部零件的百分比，根本与两个集合 $\underline{D}$ 和 $\underline{F}$ 之间的包含和相等不相干的东西，怎么能用来定义两个集合之间的包含关系呢？当然只有在 $\underline{D}(x)$ 和 $\underline{F}(x)$ 仅取 $\{0,1\}$ 中的值时，不难证 $\underline{D}\subseteq\underline{F}$，从这里看出仅仅从隶属函数是根本不可能定义模糊集之间的相等和包含关系的，所以，不引入清晰集是不可能解决定义模糊集的包含和相等关系的。Zadeh 给出的

$$\underset{\sim}{A}\subseteq\underset{\sim}{B}\Leftrightarrow\mu_A(x)\leqslant\mu_B(x)$$

$$\underset{\sim}{A}=\underset{\sim}{B}\Leftrightarrow\mu_A(x)=\mu_B(x)$$

实在是错误地照搬。

3. 按照清晰集，$\underline{D}\cup\underline{F}=(D\cup D^c)=U$

$$(\underline{D}\cup\underline{F})(x)=\underline{D}(x)+\underline{F}(x)-(\underline{D}\cap\underline{F})(x)$$

$$=\underline{D}(x)+\underline{F}(x)\equiv1\equiv U(x)$$

即互补律成立，其直观意义是美国造零件和法国造零件合在一起即车的全部零件，是合理的。但按模糊集，

$$(\underline{D}\cup\underline{F})(x)=\underline{D}(x)\vee D^c(x)$$

$$=\frac{1}{2}\vee\frac{1}{2}=\frac{1}{2}$$

即互补律不成立，其直观意义为美国造零件和法国造零件合在一起是全部汽车零件的一半，模糊集理论在这里推出了一个多么荒谬的结论。

按照清晰集。

$$\underline{D}\cap\underline{F}=\underline{D}\cap\underline{D}^c=\varphi$$

即 $(\underline{D}\cap\underline{F})(x)=\varphi(x)\equiv0$，即矛盾律成立，其直观意义是汽车

零件没有两国合造的,与假设相符,合情合理。

但按模糊集,

$$(\underline{D} \bigcap \underline{F})(x) = \underline{D}(x) \wedge \underline{F}(x) = \underline{D}(x) \wedge \underline{D}^c(x) \equiv \frac{1}{2}$$

即矛盾律不成立,其直观意义为车的零件有一半既是美国造的又是法国造的,与假设不符,推出了荒谬的结论。

综上所述,模糊数学中的排中律不成立都是因取大、取小运算的不合理规定所致。而且不引入清晰集的概念,就没法合理地给出恰当定义,难怪,在模糊数学中给出了那么多算子,但都不成功。

3.3　清晰集和模糊集的关系

3.3.1　清晰集和模糊集的关系

设论域 $U = \{u_1, u_2, \cdots, u_n\}$,当 $u_i (i = 1, 2, \cdots, n)$ 是已定义的概率空间时,U 的清晰子集 $\underline{A}_j$ 则已取概率量化值。这时 U 的每个清晰集 $\underline{A}_j$ 都有隶属函数 $\underline{A}_j(x)$,而且不同的 $\underline{A}_j$ 与 $\underline{A}_k$ 可以有相同的隶属函数,将具有相同隶属函数的清晰集分成一类。于是 U 的所有已量化的清晰集被分成了若干类,每类中的清晰集有共同的一个隶属函数,这个隶属函数叫做该类的特征函数。特征函数是定义域为 U 而取值在 $[0,1]$ 中的函数,每一类有确定的特征函数,而每一个特征函数也对应着一个类,将模糊集的定义与之比较,可以看出模糊集实质上可看作是这里的类,在第一章中举例说明 L. A. Zadeh 给出模糊定义的取大、取小,运算的不完备性,正是根据这里的类中有许多不同的清晰集为依据造出有色圆模型这种反例的。可见模糊集原为清晰集的一种等价类,对模糊集的研究就是对清晰集的等价类的研究。

3.3.2　模糊集的不能

1. 华英难题

一个圆盘,其圆心 O 为黑色的,其他部分是红色的,若问这个圆盘属于红圆盘吗? 答案只能是部分(除圆心之外)属于红圆盘,部分(圆心)不属于红圆盘。那么按照模糊集理论,应有映射:

$$\mu_{红} : X \to [0, \ 1]$$

$$x \mapsto \mu_{红}(x) \in [0, \ 1], (x \equiv 圆盘)$$

而 $\mu_{红}(x)$ 该等于什么呢? 华英觉得: $\mu_{红}(x)=1$ 不行,因为圆不全是红的,进而 $\mu_{红}(x)=0.9, \mu_{红}(x)=0.99\cdots, \mu_{红}(x)=0.\overset{n个}{9\cdots9}$ 都不行,若无限下去, $\mu_{红}(x)=0.\overset{\cdot}{9}\cdots9\cdots=0.\overset{\cdot}{9}=1$ 也不行,于是无法确定 $\mu_{红}(x)$,其实当圆盘中黑点的个数为有限个或可列无穷个也一样。从这里看出 L. A. Zadeh 定义的模糊子集理论连这样简单的部分属于、部分不属于的模糊性问题都不能表达和处理,怎能作为模糊理论的基础发展下去呢?

但按清晰集理论:

令
$$X = \{(x,y) \mid 0 \leqslant x^2 + y^2 \leqslant 1\}$$
$$= \{\{(0,0)\}, \{(x,y) \mid 0 < x^2 + y^2 \leqslant 1\}\}$$

则 $\underline{A} = \{(0,0)\}, \underline{B} = \{(x,y) \mid 0 < x^2 + y^2 \leqslant 1\}$ 都是 X 的清晰集。

对于论域 X 的元素 u (=圆盘)部分属于 $\underline{A}$ 或 $\underline{B}$、部分不属于 $\underline{A}$ 或 $\underline{B}$,圆盘是不是红圆盘? 对于这种模糊现象清晰集表现得非常完美,这也是清晰集与模糊集的本质区别。

2. 狄利克雷正方形是什么颜色

现有一个边长为1的正方形,x 轴上的有理点对应的是一条竖直方向从 0 到 1 的黑线段,x 轴上的无理点对应的是竖直方向上的从 0 到 1 的白线段,此正方形记作 □黑白。若问此正方形属于白正方形吗? 答案只能是部分(无理点对应的线段组成的部分)属于白正方形,部分(有理点对应的线段组成的部分)不属于白正方形。那么按照模糊集的理论,应有映射:

$$\mu_白 : X \to [0,1]$$

$$x \mapsto \mu_白(x) \quad (x = □_{黑白})$$

那么,$\mu_白(x)$ 应该是多少呢? $\mu_白(x) = 1$ 吗? 显然不行,因为正方形不是全白的。那么应该有 $\mu_白(x) = 0$ 吗? 显然也不行,因为正方形也不是一点白的都没有。那么,$\mu_白(x)$ 应该等于 0.5 或者是 $(0,1)$ 之间的其他数吗? 事实上,$\mu_白(x)$ 和哪个数都不相等。因为,根据模糊集合隶属函数的定义,$\mu_白(x)$ 应为白色部分的面积 $S_白$ 与正方形面积 $S = 1$ 的比值。那么 $S_白$ 应该是多少呢? 根据定积分的几何意义,应有:$S_白 = \int_0^1 f(x)\mathrm{d}x = \lim\limits_{\lambda \to 0} \sum_{i=1}^{n} f(\xi_i) \cdot \Delta x_i$,其中 $f(\xi_i)$ 应这样取值:当 ξ_i 为 Δx_i 上的无理点时,$f(\xi_i)$ 取值为 1,当 ξ_i 为 Δx_i 上的有理点时,$f(\xi_i)$ 取值为 0。当每个小区间 Δx_i 上的 ξ_i 都取有理数时,$f(\xi_i)$ 均为 0,$\sum_{i=1}^{n} f(\xi_i) \cdot \Delta x_i = 0$。进而 $\lim\limits_{\lambda \to 0} \sum_{i=1}^{n} f(\xi_i) \cdot \Delta x_i = 0$。当每个小区间 Δx_i 上的 ξ_i 都取无理数时,$f(\xi_i)$ 均为 1,$\sum_{i=1}^{n} f(\xi_i) \cdot \Delta x_i = 1$ 进而 $\lim\limits_{\lambda \to 0} \sum_{i=1}^{n} f(\xi_i) \cdot \Delta x_i = 1$,这说明 $\lim\limits_{\lambda \to 0} \sum_{i=1}^{n} f(\xi_i) \cdot \Delta x_i$

不存在,进而,$S_白$ 的面积不存在,也就是说 $S_白$ 是不可测的。该正方形是什么颜色?用模糊集怎么表示?这让狄利克雷犯难了。但我们设论域 $X=\{□_{黑白}=\{□_黑,□_白\}\}$,$□_黑$ 表示 $□_{黑白}$ 中黑色线段组成的集合,即 x 轴上有理数对应的线段组成的集合。$□_白$ 表示 $□_{黑白}$ 中白色线段,即 x 轴上无理数对应的线段组成的集合。由这两部分得 X 的两个清晰子集:$\underline{A}=\{Δ□_{黑白}=\{□_黑\}\}$ 和 $\underline{B}=\{Δ'□_{黑白}=\{□_白\}\}$。"狄利克雷正方形是什么颜色"这一模糊现象用清晰集表示得非常清晰。

　　模糊集虽有很大价值,但它的出现至今才不到 40 年,所以难免有不完善的地方,清晰集是在考虑了一些人对模糊集的理论和应用研究中提出的疑义的基础上提出的,所以它有利于模糊集中一些问题的澄清。再者,由于模糊集是清晰集的等价类,所以对模糊集的研究也是对清晰集的研究,模糊集的价值也是清晰集的价值,且清晰集会比模糊集更有价值,所以值得人们去研究和发展。

　　本文的讨论仅限在 U 为有限集,实际其方法和结论对任意论域 U 都是成立的。

　　我们再来看下面例子。

　　【例 3-5】　令 R 为全体实数组成的集合,$A=(0,1]$,设论域 $U=\{R\}$,则 $\underline{A}=\{A\}$ 及 U 都是 U 的清晰子集,对于清晰集 $\underline{A}$ 能否找到它的隶属函数?隶属度又是多少?

　　解:不能。

　　【例 3-6】

　　令 $∞=$ 宇宙(含万事万物的客观存在),$@=$ 天宫一号飞船。

　　设论域 $U=\{∞\}$,$A=\{@\}$,则 U 的元素 $∞$ 对于 $\underline{A}$ 来说是部分属于、部分不属于。

对于这种模糊现象,模糊理论能找到这样的映射吗?

解:不能。

【例3-7】　有一圆 O(图1),其圆心为 O。过圆心 O 的一水平直径 N_{OK},其上半圆为红色称为红半圆,记做 $O_{红}$,下半圆为黑色,记做 $O_{黑}$。我们将圆 O 的直径 NOK 挖掉,此余下部分称之为黑红圆,记做

图 1

$O_{黑红}$,因为他是 $O_{红}$ 和 $O_{黑}$ 两部分组成的,故可表为 $O_{黑红}=\{O_{黑},O_{红}\}$,即把 $O_{黑红}$ 看做一个集合。其元素为 $O_{黑},O_{红}$。问在论域 $X=\{O_{黑红}=\{O_{黑},O_{红}\}\}$ 上它的模糊集和清晰集有什么不同?(请读者自己解答)

3.4　可能性测度公理3错误分析

3.4.1　可能性测度错误

在文献[18](《模糊系统与模糊控制教程》)$P_{315\sim316}$ 中写道:可能性的直观方法源于模糊约束的概念。以 U 为论域,x 为在 U 上取值的一个变量,A 为 U 上的一个模糊集。则命题"x 为 A"可以解释为对 x 的取值起一种约束作用,这种约束用隶属度函数 μ_A 来描述。

换言之,也可以把 $\mu_A(u)$ 解释为 $x=u$ 时的可能性的程度。例如,设 x 表示人的年龄,A 表示模糊集"年轻"。假设已知"一个人是年轻的"(x 为 A),则 $\mu_A(30)$ 可以看做此人的年龄是 30

的可能性程度。为规范起见,给出如下定义。

定义 3-3 给定 U 上模糊集 A 和命题"x 为 A",则与 x 有关联的可能性分布,记为 π_x,可在数值上定义为等于 A 的隶属度函数,即

$$\pi_x(u) = \mu_A(u), u \in U。 \tag{3.1}$$

举个例子,将模糊集"小整数"定义为

$$小整数 = 1/1 + 1/2 + 0.8/3 + 0.6/4 + 0.4/5 + 0.2/6$$
$$\tag{3.2}$$

则命题"x 是小整数"就使得 x 与如下的可能性分布联系在一起

$$\pi_x = 1/1 + 1/2 + 0.8/3 + 0.6/4 + 0.4/5 + 0.2/6 \tag{3.3}$$

其中任一项,例如 $0.8/3$,表明"x 是 3"确定命题"x 是小整数"的可能性为 0.8。

现在,令 x 表示一个人的年龄,A 表示模糊集"年轻"。给定"x 为 A"时,可知 $x = 30$ 的可能性等于 $\mu_A(30)$。或许有人问:"已知一个人是年轻的,那么这个人的年龄在 25 和 35 之间的可能性是多少呢?"。对该问题一个合适的答案是 $\sup\limits_{u \in [25,35]} \pi_A(u)$。推广这个例子就可以得到可能性测度的概念。

定义 3-4 设 C 为 U 上的一个清晰子集,π_x 是与 x 有关联的可能性分布。则 x 属于 C 的可能性测度,记为 $\mathrm{Pos}_x(C)$,可定义为

$$\mathrm{Pos}_x(C) = \sup\limits_{u \in C} \pi_x(u)。 \tag{3.4}$$

例如考虑由式(3.3.2)所定义的模糊集"小整数"和命题"x 是小整数",若 $C = \{3,4,5\}$,则 x 等于 3,4 或 5 的可能性测度为:

$$\mathrm{Pos}_x(C) = \sup\limits_{u \in \{3,4,5\}} \pi_x(u) = \max[0.8, 0.6, 0.4] = 0.8。$$

※ 注:在定义3.2中的可能性测度 $\text{Pos}_x(C)$,当 $C=U$ 时,π_x 是与 x 有关联的可能性分布,π_x 为模糊集 A,则 $\text{Pos}_x(C)$ 即成为模糊集 A 的可能性测度,且记为 $\text{Pos}\{A\}$。

在文[15]P_{75} 指出:设($\Theta,p(\Theta),\text{Pos}$) 是一个可能性空间,则有($a$) 对于任意 $A \in p(\Theta)$,总有 $0 \leqslant \text{Pos}\{A\} \leqslant 1$。现在我们以例 3-6 来说明此结论和证明的错误性。

在文[15]的证明过程中有"$\Theta = A \bigcup A^c$ 可知 $\text{Pos}\{A\} \bigvee \text{Pos}\{A^c\} = \text{Pos}\{\Theta\} = 1$,从而 $\text{Pos}\{A\} \leqslant 1$"。在例 2 中有:$\mu_黑:U \to [0,1]$,

$x \mid \to \mu_黑(x) = \dfrac{1}{2}$　　($x = O_{黑白}$),　因此按照模糊集的理论有:$\mu_黑$

$\bigcup \mu_黑^c = \dfrac{1}{2} \bigvee \dfrac{1}{2} = \dfrac{1}{2}$,得到 $\Theta \neq \mu_黑 \bigcup \mu_黑^c$,即 $\Theta \neq A \bigcup A^c$,所以无法得到 $\text{Pos}\{A\} \leqslant 1$。

在这个结论中错误地将经典集合中 A 与 A^c 的并集等于全集的思想应用到证明分析中,得到了错误的结论。其实,这个错误的根本的原因是用映射来定义模糊子集,要更正此错误就要从模糊集合的定义入手。

3.4.2　可能性测度的三条公理

假设 Θ 为非空集合,$p(\Theta)$ 表示 Θ 的幂集。可能性测度的三条公理列举如下:

公理 3-1　$\text{Pos}\{\Theta\} = 1$;

公理 3-2　$\text{Pos}\{\varphi\} = 0$;

公理 3-3　对于 $p(\Theta)$ 中任意集族 $\{A_i\}$,有 $\text{Pos}\{\bigcup_i A_i\} = \sup_i \text{Pos}\{A_i\}$。

定义 3-5　设 Θ 为非空集合,$p(\Theta)$ 是 Θ 的幂集。如果 Pos

满足三条公理,则称之为可能性测度。

定义 3-6 设 Θ 为非空集合,$p(\Theta)$ 是 Θ 的幂集。如果 Pos 是可能性测度,则三元组 $(\Theta, p(\Theta), \text{Pos})$ 称为可能性空间。

为了方便,本文以一个简单的实例和文[8]P_{26} 的 s-范数的其中一个范数直和的定义来分析可能性测度的三条公理。

$$\text{直和}: s_{ds}(a,b) = \begin{cases} a, b = 0 \\ b, a = 0 \\ 1, \text{其他} \end{cases}$$

设论域 $U = \{a, b, c\}$,记 $\Theta = U$,$p(\Theta)$ 中的任意两个集组成的集族记为 $\{A_i\}$,$i = 1, 2$,假设两个模糊子集 $A_1 = \{0.1/a + 0.1/b + 0.1/c\}$,$A_2 = \{0.2/a + 0.2/b + 0.2/c\}$。则:

① 由于 $U = \Theta = 1/a + 1/b + 1/c$,所以 $\text{Pos}\{\Theta\} = \max[1, 1, 1] = 1$。

② 由于 $\varphi = 0/a + 0/b + 0/c$,所以 $\text{Pos}\{\varphi\} = \max[0, 0, 0] = 0$。

③ 再来看公理 3-3。公理 3-3 的左边,$\text{Pos}\{\bigcup_i A_i\} = \text{Pos}\{A_1 \bigcup A_2\}$,按照 s-范数中直和的定义,$A_1 \bigcup A_2 = \dfrac{s_{ds}(0.1, 0.2)}{a} + \dfrac{s_{ds}(0.1, 0.2)}{b} + \dfrac{s_{ds}(0.1, 0.2)}{c} = \dfrac{1}{a} + \dfrac{1}{b} + \dfrac{1}{c}$,所以 $\text{Pos}\{A_1 \bigcup A_2\} = \max[1, 1, 1] = 1$。因此,公理 3-3 的左边,$\text{Pos}\{\bigcup_i A_i\} = \text{Pos}\{A_1 \bigcup A_2\} = 1$。

又因为 $\text{Pos}\{A_1\} = \max[0.1, 0.1, 0.1] = 0.1$,$\text{Pos}\{A_2\} = \max[0.2, 0.2, 0.2] = 0.2$,所以公理 3-3 的右边,$\sup_i \text{Pos}\{A_i\} = \max\{\text{Pos}\{A_1\}, \text{Pos}\{A_2\}\} = \max\{0.1, 0.2\} = 0.2$。

因此按照给出的 s-范数得到:$\text{Pos}\{A_1 \bigcup A_2\} \neq$

$\max\{\mathrm{Pos}\{A_1\},\mathrm{Pos}\{A_2\}\}$,即公理 3-3 不成立。

从一个简单的实例得出:作为模糊理论的公理 3-3 是不成立的。既然按照 Zadeh 的直观意义下的可能性测度公理 3 是不成立的,又如何作为可能性测度的公理呢?

文[8]中 P_{315} 中提到:自 Zadeh[1978]以来,关于可能性理论的研究很多。对可能性理论的处理有两种方法:其一是由 Zadeh[1978]提出来的,是将可能性理论作为模糊集理论的一个扩展而引入的;其二是 Klir 和 Folger[1988]以及其他的一些学者在 Dempster-Shafer 证据理论框架中提出来的,是将可能性理论建立在公理的基础上,有助于对可能性理论进行深入的研究。

对于处理可能性理论的一种方法是将可能性理论作为模糊集理论的一个扩展,在前面的分析中指出 Zadeh 不适当地将模糊集定义为映射,既然模糊集的定义有误,那么可能性理论也一定会存在错误。对于处理可能性理论的另一种方法是将可能性理论建立在公理的基础上,在上面的分析中指出公理 3 是不成立的,是不该作为公理也不能作为公理的,在公理上存在问题,那么可能性理论也一定会存在问题,因此没有必要来研究可能性测度。

3.4.3 可信性测度与概率测度的不平行性

首先介绍两个定义。

定义 3-7 假设 $(\Theta,p(\Theta),\mathrm{Pos})$ 是可能性空间,A 是幂集 $p(\Theta)$ 中的一个元素,则称 $\mathrm{Nec}\{A\}=1-\mathrm{Pos}\{A^c\}$ 为事件 A 的必要性测度。

定义 3-8 设 $(\Theta,p(\Theta),\mathrm{Pos})$ 是可能性空间,集合 A 时幂

集 $p(\Theta)$ 中的一个元素,则称 $\text{Cr}\{A\}=\dfrac{1}{2}(\text{Pos}\{A\}+\text{Nec}\{A\})$ 为事件 A 的可信性测度。

在模糊理论中,一个模糊事件的可信性定义为可能性和必要性的平均值。可信性测度扮演了类似概率测度的角色。但是事实上通过分析与证明,我们得到了这样的结论:当论域 U 中的元素个数为大于 1 的奇数时,论域 U 中的任一真子集(非 φ 和非 U),即每个事件的可信性测度都不等于此事件的古典型概率测度。现在以论域 $U=\{a,b,c\}$,U 中的真子集 $A=\{a,b\}$,$B=\{a\}$ 为例给出说明。

在经典集合中,$A^c=\{c\}$,$B^c=\{b,c\}$。按照模糊集理论,$A=1/a+1/b+0/c$,$A^c=0/a+0/b+1/c$,$B=1/a+0/b+0/c$,$B^c=0/a+1/b+1/c$,则有:

$\text{Pos}\{A\}=\max[1,1,0]=1$,$\text{Pos}\{A^c\}=\max[0,0,1]=1$,$\text{Pos}\{B\}=\max[1,0,0]=1$,$\text{Pos}\{B^c\}=\max[0,1,1]=1$,所以,$\text{Nec}\{A\}=1-1=0$,$\text{Nec}\{B\}=1-1=0$,于是得到 $\text{Cr}\{A\}=\dfrac{1}{2}(1+0)=\dfrac{1}{2}$,$\text{Cr}\{B\}=\dfrac{1}{2}(1+0)=\dfrac{1}{2}$。

按照古典概型知识,事件 A 的概率测度为:$p(A)=\dfrac{2}{3}$,$p(B)=\dfrac{1}{3}$。

通过计算这两个真子集的可信性测度和古典概率得到:论域 U 中的元素个数为大于 1 的奇数时,论域 U 中的任一真子集,即每个事件的可信性测度都不等于此事件的古典型概率测度,而且无论真子集里有几个元素,可能性测度始终为 1,可信性测度始终为 $\dfrac{1}{2}$,事实上古典概率会因真子集中元素个数的不同而不同。

　　模糊集合是经典集合的一个推广,可信性测度与概率测度在数值上应是一致的,然而通过分析,可以得到可信性测度与概率测度是不平行的,如何能说可信性测度扮演了概率测度的角色? 因此,研究可能性测度和可信性测度是没有价值,也没有意义的。

第4章

清晰有理数的概念

为研究实际应用，我们先建立清晰数及其加、减、乘、除四则运算。

4.1　清晰有理数的定义

【例 4-1】　现有三组专家。第一组由 a_1, a_2, a_3 三人组成，记作集合 $\mu_2 = \{a_1, a_2, a_3\}$；第二组由 b_1, b_2, b_3, b_4 四人组成，记作集合 $\mu_3 = \{b_1, b_2, b_3, b_4\}$；第三组由 c_1, c_2 二人组成，记作集合 $\mu_4 = \{c_1, c_2\}$。现让这三组专家对某商品估价 μ_2 估为 2，具体赞成为 2 者集合 $\Delta\mu_2 = \{a_1, a_2\}$，$a_3$ 无表态，μ_3 估为 3，具体赞成 3 者为 $\Delta\mu_3 = \{b_1, b_3\}$；$b_2, b_4$ 无表态，μ_4 估为 4，具体赞成 4 者集合为 $\Delta\mu_4 = \{c_2\}$，c_1 无表态。

当论域 $U = \{\mu_2, \mu_3, \mu_4\}$ 时，其 U 的清晰子集

$$\underline{A} = \{\Delta\mu_2, \Delta\mu_3, \Delta\mu_4\}$$

的隶属函数

$$A(x) = \begin{cases} \dfrac{|\Delta\mu_2|}{|\mu_2|} = \dfrac{2}{3}, x = \mu_2 \\[3mm] \dfrac{|\Delta\mu_3|}{|\mu_3|} = \dfrac{2}{4}, x = \mu_3 \\[3mm] \dfrac{|\Delta\mu_4|}{|\mu_4|} = \dfrac{|\{c_2\}|}{|\{c_1,c_2\}|} = \dfrac{1}{2}, x = \mu_4 \end{cases}$$

当 μ_2, μ_3, μ_4 用它的估值 $2,3,4$ 代替时得

$$A(x) = \begin{cases} \dfrac{2}{3}, x = 2 \\[3mm] \dfrac{2}{4}, x = 3 \\[3mm] \dfrac{1}{2}, x = 4 \end{cases}$$

可以看做定义域为 $\{2,3,4\} \subseteq R$ 取值在 $\left\{\dfrac{2}{3}, \dfrac{2}{4}, \dfrac{1}{2}\right\} \subseteq$ $[0,1]$ 的函数,此函数 $A(x)$ 叫作三阶清晰有理数。三阶的"三"意思就是三个专家组。

【**例 4-2**】 现有两组专家,第一组由 a_1, a_2 两人组成,记作集合 $\mu_4 = \{a_1, a_2\}$,第二组由 b_1, b_2, b_3 三人组成,记作集合 $\mu'_4 = \{b_1, b_2, b_3\}$。现让这两组专家对某商品估价,$\mu_4$ 估为 4,具体赞成者为 $\Delta\mu_4 = \{a_1\}$,a_2 无表态。μ'_4 估为 4,具体赞成者为 $\Delta\mu'_4 = \{b_2, b_3\}$,$b_1$ 无表态。

当论域 $U = \{\mu_4, \mu'_4\}$ 时,其 U 的清晰子集 $A = \{\Delta\mu_4, \Delta\mu'_4\}$ 的隶属函数

$$A(x) = \begin{cases} \dfrac{|\Delta\mu_4|}{|\mu_4|} = \dfrac{1}{2}, x = \mu_4 \\[3mm] \dfrac{|\Delta\mu'_4|}{|\mu'_4|} = \dfrac{2}{3}, x = \mu'_4 \end{cases}$$

当 μ_4,μ'_4 用其估值 4、4 代替时,得

$$\underline{A}(x)=\begin{cases}\dfrac{1}{2},x=4\\[3mm]\dfrac{2}{3},x=4\end{cases}$$

可以看做定义域为 $\{4,4\}\subseteq R$ 取值在 $\left\{\dfrac{1}{2},\dfrac{2}{3}\right\}\subseteq[0,1]$ 的函数。此函数 $\underline{A}(x)$ 叫做二阶清晰有理数。二阶的"二"的意思就是因为两个专家组。在这个例子中要注意作为自变量 x 在定义域 $\{4,4\}\subseteq R$ 中取两次相同的值 4 是两个专家组的估价值都为 4。

一般的,有如下定义。

定义 4-1　现有 n 个有限个元素组成集合 $\mu_{a1},\mu_{a2},\cdots,\mu_{an}$,其中 $\alpha_i\in R(1,2,\cdots,n)$,论域

$$U=\{u_{a_1},u_{a_2},\cdots u_{a_n}\}\ 的清晰子集$$

$\underline{A}=\{\Delta\mu_{a1},\Delta\mu_{a_2},\cdots,\Delta\mu_{a_n}\}$ 的隶属函数

$$\underline{A}(x)=\begin{cases}\dfrac{|\Delta\mu_{a_1}|}{|\mu_{a_1}|},x=\mu_{a_1}\\[4mm]\dfrac{|\Delta\mu_{a_2}|}{|\mu_{a_2}|},x=\mu_{a_2}\\[4mm]\cdots\cdots\\[2mm]\dfrac{|\Delta\mu_{a_n}|}{|\mu_{a_n}|},x=\mu_{a_n}\end{cases}$$

当 $\mu_{a_1},\mu_{a_2},\cdots,\mu_{a_n}$ 相应的用 $\alpha_1,\alpha_2,\cdots,\alpha_n$ 代替时,得:

$$A(x) = \begin{cases} \dfrac{|\Delta\mu_{a_1}|}{|\mu_{a_1}|}, x = \alpha_1 \\[2mm] \dfrac{|\Delta\mu_{a_2}|}{|\mu_{a_2}|}, x = \alpha_2 \\[2mm] \vdots \\[2mm] \dfrac{|\Delta\mu_{a_n}|}{|\mu_{a_n}|}, x = \alpha_n \end{cases}$$

可以看做定义域为 $\{\alpha_1, \alpha_2, \cdots, \alpha_n\} \subset R$ 取值在 $\left\{ \dfrac{|\Delta\mu_{a_1}|}{|\mu_{a_1}|}, \dfrac{|\Delta\mu_{a_2}|}{|\mu_{a_2}|}, \cdots, \dfrac{|\Delta\mu_{a_n}|}{|\mu_{a_n}|} \right\} \subset [0,1]$ 的函数。此函数叫做 n 阶清晰有理数。

注意到 $A(x_i) = \dfrac{|\Delta\mu_a|}{|\mu_a|}$，就会理解在运算中为什么会出现 $x_i = x_j (i \neq j)$ 的现实背景。

清晰数还可以定义如下。

定义 4 - 2   对于任意的实数 α，对应地有一个有限元素的经典集合 $\mu_a = \{a_1, a_2, \cdots, a_{n_a}\}$，其子集 $\Delta\mu_a = \{a_{i_1}, a_{i_2}, \cdots, a_{i_k}\}$，其中 $a_{i_j} \in \mu_a$ 且 $i_j \neq i_t (j = 1, 2, \cdots, k, t = 1, 2, \cdots, k)$ 时，$a_{i_j} \neq a_{i_t}$，则论域 $U = \{\mu_a \mid \alpha \in R (实数集)\}$ 的清晰子集 $A = \{\Delta\mu_a \mid \alpha \in R\}$ 的量化法取概率量化值 $P(\Delta\mu_a) = \dfrac{|\Delta\mu_a|}{|\mu_a|}$，其中 $|\Delta\mu_a|$、$|\mu_a|$ 表示其集合元素的个数时，我们得定义域为 U，取值在 $[0,1]$ 的函数，当我们把 μ_a 用 α 表示的时候便得一个定义域为实数集 R，取值在 $[0,1]$ 的函数，此函数记作 $A(x)$，被称作

清晰数。当 $A(x)$ 的值仅有有限个为非零值时,则 $\underline{A}(x)$ 为清晰有理数,这时:

$$\underline{A}(x)=\begin{cases}\underline{A}(x_1),x=x_1\\[1ex]\underline{A}(x_2),x=x_2\\[1ex]\vdots\\[1ex]\underline{A}(x_n),x=x_n\\[1ex]0,x\overline{\in}\{x_1,x_2,\cdots,x_n\}\text{且}x\in R\end{cases}$$

其中,n 叫做 $\underline{A}(x)$ 的阶数,也说 $\underline{A}(x)$ 是 n 阶清晰有理数,$\underline{A}(x_i)$ 叫做 x_i 的隶属度,$(i=1,2,\cdots,n)$,而 $\sum\limits_{i=1}^{n}\underline{A}(x_i)$ 叫做 $\underline{A}(x)$ 的隶属度,特别指出 $0\leqslant\underline{A}(x_i)\leqslant1$,而 $0\leqslant\sum\limits_{i=1}^{n}\underline{A}(x_i)<+\infty$,当 $n=1$ 时,

$$\underline{A}(x)=\begin{cases}\underline{A}(x_1),x=x_1\\[1ex]0,x\overline{\in}\{x_1\}\text{且}x\in R\end{cases}$$

是一阶清晰有理数。特别当

$$\underline{A}(x)=\begin{cases}\underline{A}(x_1)=1,x=x_1\\[1ex]0,x\overline{\in}\{x_1\}\text{且}x\in R\end{cases}$$

时,清晰有理数 $\underline{A}(x)$ 就用实数 x_1 表示,从而我们可以看出清晰数是实数的推广,实数是清晰数的特例。

定义 1 与定义 2 是等价的。只不过定义 2 抽象一些。

【例 4-3】 设某水库某年可供农田灌溉的水量,让两组专家估定,专家组 $\mu_{15} = \{a_1, a_2, a_3\}$ 估为 15 个单位,其中两人表示赞成,一人没表态,赞成者具体构成集合 $\Delta\mu_{15} = \{a_1, a_2\}$,专家组 $\mu_{17} = \{b_1, b_2, b_3, b_4\}$ 估为 17 个单位,其中三人表示赞成,一人没表态,赞成者具体构成集合为 $\Delta\mu_{17} = \{b_1, b_2, b_4\}$,于是得论域(定义域)

$$U = \{\mu_\alpha / \alpha \in R\}, 其中\ \mu_\alpha = \varphi, \alpha \overline{\in} \{15, 17\}$$

取值在 $[0,1]$ 的函数,当 μ_α 以 α 表示时,则得函数

$$\underline{A}(x) = \begin{cases} \dfrac{2}{3} = \dfrac{|\{a_1, a_2\}|}{|\{a_1, a_2, a_3\}|}, & x = 15 \\[4mm] \dfrac{3}{4} = \dfrac{|\{b_1, b_2, b_4\}|}{|\{b_1, b_2, b_3, b_4\}|}, & x = 17 \\[4mm] 0, x \overline{\in} \{15, 17\} \ 且\ x \in R \end{cases}$$

$\underline{A}(x)$ 即是一个清晰数,且为清晰有理数。在这里当 $|\mu_\alpha| = 0$ 时,$\dfrac{|\Delta\mu_\alpha|}{|\mu_\alpha|} = 0$ 是个设定。

清晰有理数与实数的关系:由清晰有理数的定义可知,任一实数 a,都有唯一一个清晰有理数与其对应,即

$$\underline{A}(x) = a = \begin{cases} 1, x = a \\[2mm] 0, x \overline{\in} \{a\} \ 且\ x \in R \end{cases}$$

它与实数 a 是一一对应的,是实数 a 的又一种表示形式。

由清晰有理数的运算可知,其与实数的运算定义和性质是保持一致的。因此,清晰有理数是实数的推广,实数是清晰有理数的特例。

4.2 清晰有理数的加法运算及性质

4.2.1 清晰有理数的加法运算

对于实数来说,人们愿意使用,其主要原因之一是它有运算,为了便于应用清晰数也应有运算,为此,我们以最简单的实例来探讨加法运算。

【例 4-4】 设有两水库 A 和 B,专家组 $\mu_{15} = \{a_1, a_2, a_3\}$ 估计 A 水库的存水量为 15 个单位,其中两人赞成,一人没表态,赞成者组成的集合为 $\Delta\mu_{15} = \{a_1, a_2\}$,而专家组 $\mu_{17} = \{b_1, b_2, b_3, b_4\}$ 估计 B 水库存水量为 17 个单位,其中三人赞成,一人没表态,赞成者组成的集合为 $\Delta\mu_{17} = \{b_1, b_2, b_3\}$,那么要问根据专家们意见两个水库共存水量如何?

关于这个问题即清晰数的加法运算问题,显然会想到共存水量为 $15 + 17 = 32$,但这个 32 隶属度是多少? 而 $\mu_{32} = ?$、$\Delta\mu_{32} = ?$、$P(\Delta\mu_{32}) = ?$,首先,μ_{32} 一定和 μ_{15}、μ_{17} 有关,因此令

$$\mu_{32} = \mu_{15} \times \mu_{17} = \{(a_1, b_1)\ (a_1, b_2)\ (a_1, b_3)\ (a_1, b_4)$$

$$(a_2, b_1)\ (a_2, b_2)\ (a_2, b_3)\ (a_2, b_4)$$

$$(a_3, b_1)\ (a_3, b_2)\ (a_3, b_3)\ (a_3, b_4)\},$$

这是一个原两个专家组中的专家组成的序对 $(a_i\, b_j)(1 \leqslant i \leqslant 3, 1 \leqslant j \leqslant 4)$,其中序对个数满足 $|\mu_{32}| = |\mu_{15}||\mu_{17}|$,这些序对赞为 32,只由当 $a_i \in \Delta\mu_{15}, b_j \in \Delta\mu_{17}$ 时才行,于是

$$\Delta\mu_{32} = \{(a_i\,b_j) \mid a_i \in \Delta\mu_{15}\ b_j \in \Delta\mu_{17}\},$$

从而 $|\Delta\mu_{32}| = |\Delta\mu_{15}|\,|\Delta\mu_{17}|$，故得

$$P(\Delta\mu_{32}) = \frac{|\Delta\mu_{32}|}{|\mu_{32}|} = \frac{|\Delta\mu_{15}|}{|\mu_{15}|}\,\frac{|\Delta\mu_{17}|}{|\mu_{17}|}$$

$$= \frac{|\Delta\mu_{15}|}{|\mu_{15}|} \cdot \frac{|\Delta\mu_{17}|}{|\mu_{17}|} = \frac{2}{3} \times \frac{3}{4} = \frac{6}{12}$$

即 A 与 B 两水库存水量之和为

$$\underline{A}(x) = \begin{cases} \dfrac{2}{3}, & x = 15 \\[2ex] 0, & x\ \overline{\in}\ \{15\}\ \text{且}\ x \in R \end{cases}$$

与

$$\underline{B}(x) = \begin{cases} \dfrac{3}{4}, & x = 17 \\[2ex] 0, & x\ \overline{\in}\ \{17\}\ \text{且}\ x \in R \end{cases}$$

之和：

$$\underline{C}(x) = \underline{A}(x) + \underline{B}(x) = \begin{cases} \dfrac{6}{12} = \dfrac{2}{3} \times \dfrac{3}{4}, & x = 32 \\[2ex] 0, & x\ \overline{\in}\ \{32\}\ \text{且}\ x \in R \end{cases}$$

从这简单的事例中，可以看到不但能够找出 μ_{32}、$\Delta\mu_{32}$ 还可以找出关系 $P(\Delta\mu_{32}) = P(\Delta\mu_{15}) \times P(\Delta\mu_{17})$。由此可给清晰数的加法运算。

定义 4-3　设清晰有理数

$$\underline{A}(x) = \begin{cases} \underline{A}(x_1), x = x_1 \\ \underline{A}(x_2), x = x_2 \\ \vdots \\ \underline{A}(x_n), x = x_n \\ 0, x \overline{\in} \{x_1, x_2, \cdots, x_n\} \text{ 且 } x \in R \end{cases}$$

$$\underline{B}(x) = \begin{cases} \underline{B}(y_1), x = y_1 \\ \underline{B}(y_2), x = y_2 \\ \vdots \\ \underline{B}(y_m), x = y_m \\ 0, x \overline{\in} \{y_1, y_2, \cdots, y_m\} \text{ 且 } x \in R \end{cases}$$

表 4-1 称为 $\underline{A}(x)$ 与 $\underline{B}(x)$ 的可能值带边和矩阵,实数列 x_1 $x_2 \cdots x_n$ 和 $y_1 y_2 \cdots y_m$ 分别称为 $\underline{A}(x)$ 和 $\underline{B}(x)$ 的可能值序列,且分别称为带边和矩阵的纵边和横边,互相垂直的两条直线分别称为带边和矩阵的纵轴和横轴。

表 4-1　可能值带边和矩阵

x_1	$x_1 + y_1$	$x_1 + y_2$	$\cdots$	$x_1 + y_j$	$\cdots$	$x_1 + y_m$
x_2	$x_2 + y_1$	$x_2 + y_2$	$\cdots$	$x_2 + y_j$	$\cdots$	$x_2 + y_m$
$\vdots$	$\vdots$	$\vdots$		$\vdots$		$\vdots$
x_i	$x_i + y_1$	$x_i + y_2$	$\cdots$	$x_i + y_j$	$\cdots$	$x_i + y_m$
$\vdots$	$\vdots$	$\vdots$		$\vdots$	$\vdots$	$\vdots$
x_n	$x_n + y_1$	$x_n + y_2$	$\cdots$	$x_n + y_j$	$\cdots$	$x_n + y_m$
$+$	y_1	y_2	$\cdots$	y_j	$\cdots$	y_m

定义 4-4 表 4.2.2(见下表 4.2.2)称为 $\underline{A}(x)$ 与 $\underline{B}(x)$ 的隶属度带边积矩阵。

$\underline{A}(x_1), \underline{A}(x_2), \cdots, \underline{A}(x)$ 和 $\underline{B}(y_1), \underline{B}(y_2), \cdots, \underline{B}(y_m)$ 分别称为 $\underline{A}(x)$ 和 $\underline{B}(x)$ 的隶属度序列,且分别称为隶属度带边积矩阵的纵边和横边,互相垂直的两条直线分别叫做带边积矩阵的纵轴和横轴。

表 4-2　隶属度带边积矩阵

$\underline{A}(x_1)$	$\underline{A}(x_1)\underline{B}(y_1)$	$\underline{A}(x_1)\underline{B}(y_2)$	$\cdots$	$\underline{A}(x_1)\underline{B}(y_j)$	$\cdots$	$\underline{A}(x_1)\underline{B}(y_m)$
$\underline{A}(x_2)$	$\underline{A}(x_2)\underline{B}(y_1)$	$\underline{A}(x_2)\underline{B}(y_2)$	$\cdots$	$\underline{A}(x_2)\underline{B}(y_j)$	$\cdots$	$\underline{A}(x_2)\underline{B}(y_m)$
$\vdots$	$\vdots$	$\vdots$		$\vdots$		$\vdots$
$\underline{A}(x_i)$	$\underline{A}(x_i)\underline{B}(y_1)$	$\underline{A}(x_i)\underline{B}(y_2)$	$\cdots$	$\underline{A}(x_i)\underline{B}(y_j)$	$\cdots$	$\underline{A}(x_i)\underline{B}(y_m)$
$\vdots$	$\vdots$	$\vdots$		$\vdots$		$\vdots$
$\underline{A}(x_n)$	$\underline{A}(x_n)\underline{B}(y_1)$	$\underline{A}(x_n)\underline{B}(y_2)$	$\cdots$	$\underline{A}(x_n)\underline{B}(y_j)$	$\cdots$	$\underline{A}(x_n)\underline{B}(y_m)$
$\times$	$\underline{B}(y_1)$	$\underline{B}(y_2)$	$\cdots$	$\underline{B}(y_j)$	$\cdots$	$\underline{B}(y_m)$

定义 4-5 $\underline{A}(x)$ 与 $\underline{B}(x)$ 可能值带边和矩阵中右上方数字组成的矩阵

$$
\begin{pmatrix}
a_{11} & a_{12} & \cdots & a_{1m} \\
\vdots & \vdots & & \vdots \\
a_{i1} & a_{i2} & \cdots & a_{im} \\
\vdots & \vdots & & \vdots \\
a_{n1} & a_{n2} & \cdots & a_{nm}
\end{pmatrix}
$$

称为 $\underline{A}(x)$ 与 $\underline{B}(x)$ 的可能值和矩阵。

定义 4-6 $\underline{A}(x)$ 与 $\underline{B}(x)$ 隶属度带边积矩阵中右上方数字组成的矩阵

$$\begin{pmatrix} b_{11} & b_{12} & \cdots & b_{1m} \\ \vdots & \vdots & & \vdots \\ b_{i1} & b_{i2} & \cdots & b_{im} \\ \vdots & \vdots & & \vdots \\ b_{n1} & b_{n2} & \cdots & b_{nm} \end{pmatrix}$$

称为 $\underline{A}(x)$ 与 $\underline{B}(x)$ 的隶属度积矩阵。

定义 4-7 $\underline{A}(x)$ 与 $\underline{B}(x)$ 可能值和矩阵中第 i 行第 j 列元素 a_{ij} 与它们隶属度积矩阵中第 i 行第 j 列元素 b_{ij} 称为相应元素。

定义 4-8 将 $\underline{A}(x)$ 与 $\underline{B}(x)$ 的可能值和矩阵中元素排成一列, $\bar{\bar{x}}_1 \bar{\bar{x}}_2 \cdots \bar{\bar{x}}_l$, $\underline{A}(x)$ 与 $\underline{B}(x)$ 隶属度积矩阵中 $\bar{\bar{x}}_i (i=1\ 2\ \cdots l)$ 的相应元素排一列: $\underline{C}(\bar{\bar{x}}_1), \underline{C}(\bar{\bar{x}}_2), \cdots, \underline{C}(\bar{\bar{x}}_l)$, 则称清晰数

$$\underline{C}(x) = \begin{cases} \underline{C}(\bar{\bar{x}}_1), x = \bar{\bar{x}}_1 \\ \underline{C}(\bar{\bar{x}}_2), x = \bar{\bar{x}}_2 \\ \vdots \\ \underline{C}(\bar{\bar{x}}_l), x = \bar{\bar{x}}_l \\ 0, x \overline{\in} \{\bar{\bar{x}}_1, \bar{\bar{x}}_2, \cdots, \bar{\bar{x}}_l\} \text{且} x \in R \end{cases}$$

为 $\underline{A}(x)$ 与 $\underline{B}(x)$ 之和, 记作 $\underline{C}(x) = \underline{A}(x) + \underline{B}(x)$。

【例 4 - 5】　设清晰数

$$\underline{A}(x) = \begin{cases} \dfrac{1}{3}, x = 1 \\[2mm] \dfrac{1}{3}, x = 2 \\[2mm] 0, x \overline{\in} \{12\} \text{ 且 } x \in R \end{cases}$$

$$\underline{B}(x) = \begin{cases} \dfrac{1}{6}, x = 1 \\[2mm] \dfrac{2}{3}, x = 1 \\[2mm] 0, x \overline{\in} \{-11\} \text{ 且 } x \in R \end{cases}$$

求 $\underline{A}(x) + \underline{B}(x)$。

解: $\underline{A}(x)$ 与 $\underline{B}(x)$ 的可能值带边和矩阵为

1	0	2
2	1	3
+	−1	1

$\underline{A}(x)$ 与 $\underline{B}(x)$ 的隶属度带边积矩阵为

$\dfrac{1}{3}$	$\dfrac{1}{18}$	$\dfrac{2}{9}$
$\dfrac{1}{3}$	$\dfrac{1}{18}$	$\dfrac{2}{9}$
$\times$	$\dfrac{1}{6}$	$\dfrac{2}{3}$

将 $\underline{A}(x)$ 与 $\underline{B}(x)$ 可能值和矩阵的元素排成一列：

$$0,1,2,3$$

将 $\underline{A}(x)$ 与 $\underline{B}(x)$ 的隶属度积矩阵中与其可能值和矩阵中 $0,1,2,3$ 的相应元素排成一列

$$\underline{C}(0)=\frac{1}{18},\underline{C}(1)=\frac{1}{18},\underline{C}(2)=\frac{2}{9},\underline{C}(3)=\frac{2}{9}$$

所以,可得

$$\underline{C}(x)=\underline{A}(x)+\underline{B}(x)=\begin{cases}\dfrac{1}{18},x=0\\[2mm]\dfrac{1}{18},x=1\\[2mm]\dfrac{2}{9},x=2\\[2mm]\dfrac{2}{9},x=3\\[2mm]0,x\overline{\in}\{0\ 1\ 2\ 3\}\text{且}x\in R\end{cases}$$

4.2.2　清晰有理数加法的运算性质

清晰有理数的加法满足加法的交换律和结合律,是实数运算法则的推广。

性质 4-1　清晰有理数 $\underline{A}(x)$、$\underline{B}(x)$ 的加法满足交换律,即 $\underline{A}(x)+\underline{B}(x)=\underline{B}(x)+\underline{A}(x)$。

证明　设 $\underline{A}(x)$ 为 n 阶清晰有理数,$\underline{B}(x)$ 为 m 阶清晰有理数,可以表示为

$$\underline{A}(x) = \begin{cases} \underline{A}(x_1), x = x_1 \\ \underline{A}(x_2), x = x_2 \\ \vdots \\ \underline{A}(x_n), x = x_n \\ 0, x \overline{\in} \{x_1, x_2, \cdots, x_n\} \text{且} x \in R \end{cases}$$

$$\underline{B}(x) = \begin{cases} \underline{B}(y_1), x = y_1 \\ \underline{B}(y_2), x = y_2 \\ \vdots \\ \underline{B}(y_m), x = y_m \\ 0, x \overline{\in} \{y_1, y_2, \cdots, y_m\} \text{且} x \in R \end{cases}$$

因为清晰有理数 $\underline{A}(x)$ 与 $\underline{B}(x)$ 的可能值和矩阵中的元素为 $x_i + y_j$，且 $x_i + y_j$ 在 $\underline{A}(x)$ 与 $\underline{B}(x)$ 的隶属度积矩阵中的相应元素为 $A_{(x_i)} \times B_{(y_j)}(i = 1, 2, \cdots, n, j = 1, 2, \cdots, m)$。

因为清晰有理数 $\underline{B}(x)$ 与 $\underline{A}(x)$ 的可能值和矩阵中的元素为 $y_j + x_i$，且 $y_j + x_i$ 在 $\underline{B}(x)$ 与 $\underline{A}(x)$ 的隶属度积矩阵中的相应元素为 $B_{(y_j)} \times A_{(x_i)}(i = 1, 2, \cdots, n, j = 1, 2, \cdots, m)$。

又因为 $x_i + y_j = y_j + x_i$，$A_{(x_i)} \times B_{(y_j)} = B_{(y_j)} \times A_{(x_i)}$，

所以由清晰有理数加法运算的定义得：$\underline{A}(x) + \underline{B}(x) = \underline{B}(x) + \underline{A}(x)$。

性质 4-2　清晰有理数 $\underline{A}(x)$、$\underline{B}(x)$、$\underline{C}(x)$ 的加法满足结合律，即

$$(\underline{A}(x) + \underline{B}(x)) + \underline{C}(x) = \underline{A}(x) + (\underline{B}(x) + \underline{C}(x))。$$

证明　设 $\underline{A}(x)$ 为 n 阶清晰有理数，$\underline{B}(x)$ 为 m 阶清晰有

理数,$\underline{C}(x)$ 为 k 阶清晰有理数,可以表示为

$$
\underline{A}(x) = \begin{cases}
\underline{A}(x_1), x = x_1 \\
\underline{A}(x_2), x = x_2 \\
\vdots \\
\underline{A}(x_n), x = x_n \\
0, x \overline{\in} \{x_1, x_2, \cdots, x_n\} \text{且} x \in R
\end{cases}
$$

$$
\underline{B}(x) = \begin{cases}
\underline{B}(y_1), x = y_1 \\
\underline{B}(y_2), x = y_2 \\
\vdots \\
\underline{B}(y_m), x = y_m \\
0, x \overline{\in} \{y_1, y_2, \cdots, y_m\} \text{且} x \in R
\end{cases}
$$

$$
\underline{C}(x) = \begin{cases}
\underline{C}(z_1), x = z_1 \\
\underline{C}(z_2), x = z_2 \\
\vdots \\
\underline{C}(z_k), x = z_k \\
0, x \overline{\in} \{z_1, z_2, \cdots, z_k\} \text{且} x \in R
\end{cases}
$$

因为清晰有理数 $\underline{A}(x)$ 与 $\underline{B}(x)$ 的可能值和矩阵中的元素为 $x_i + y_j$,且 $x_i + y_j$ 在 $\underline{A}(x)$ 与 $\underline{B}(x)$ 的隶属度积矩阵中的相应元素为 $A_{(x_i)} \times B_{(y_j)}(i = 1, 2, \cdots, n, j = 1, 2, \cdots, m)$;$(\underline{A}(x) + \underline{B}(x))$ 与 $\underline{C}(x)$ 的可能值和矩阵中的元素为 $(x_i + y_j) + z_l$,且 $(x_i + y_j) + z_l$ 在 $(\underline{A}(x) + \underline{B}(x))$ 与 $\underline{C}(x)$ 的隶属度积矩阵中的相应元素为 $A_{(x_i)} \times B_{(y_j)} \times C_{(z_l)}(i = 1, 2, \cdots, n, j = 1, 2, \cdots, m, l =$

$1,2,\cdots,k)$。

清晰有理数 $\underline{B}(x)$ 与 $\underline{C}(x)$ 的可能值和矩阵中的元素为 $y_j + z_l$，且 $y_j + z_l$ 在 $\underline{B}(x)$ 与 $\underline{C}(x)$ 的隶属度积矩阵中的相应元素为 $B_{(y_j)} \times C_{(z_l)}(i=1,2,\cdots,n,j=1,2,\cdots,m)$；$\underline{A}(x)$ 与 $(\underline{B}(x) + \underline{C}(x))$ 的可能值和矩阵中的元素为 $x_i + (y_j + z_l)$，且 $x_i + (y_j + z_l)$ 在 $\underline{A}(x)$ 与 $(\underline{B}(x) + \underline{C}(x))$ 的隶属度积矩阵中的相应元素为 $A_{(x_i)} \times (B_{(y_j)} \times C_{(z_l)})(i=1,2,\cdots,n,j=1,2,\cdots,m,l=1,2,\cdots,k)$。

又因为 $x_i + y_j + z_l = x_i + (y_j + z_l)$，$A_{(x_i)} \times B_{(y_j)} \times C_{(z_l)} = A_{(x_i)} \times (B_{(y_j)} \times C_{(z_l)})$，

所以由清晰有理数加法运算的定义得：

$$(\underline{A}(x) + \underline{B}(x)) + \underline{C}(x) = \underline{A}(x) + (\underline{B}(x) + \underline{C}(x))$$

4.3 清晰有理数的减法及运算性质

4.3.1 清晰有理数的减法

【例4-6】 某工厂生产一批产品并运往全国各地进行销售，现请来专家组 $\mu_8 = \{a_1, a_2, a_3\}$ 对预期生产产品的数量进行评估，估计应生产8万件产品，其中两位专家表示赞成，一位没有表态，赞成者具体构成集 $\Delta\mu_8 = \{a_1, a_3\}$，又请来专家组 $\mu_7 = \{b_1, b_2, b_3, b_4\}$ 对产品在同一段时期内的销售情况进行评估，估计能售出7万件产品，其中三位专家表示赞成，一位没有表态，赞成者具体构成集 $\Delta\mu_7 = \{b_1, b_2, b_3\}$，请根据两组专家的意见分析该产品的库存情况如何？

　　这是一个关于清晰数的减法运算的问题,估计生产产品 8 万件,售出 7 万件,那么工厂库存产品应为 $8-7=1$ 万件,但是由于专家表态不一致,这个 1 的隶属度应该是多少呢? 同理,这个 1 的 μ_1、$\Delta\mu_1$、$P(\Delta\mu_1)$ 又分别是多少呢?

　　我们知道 μ_1 一定和 μ_8、μ_7 有关,因此可以令

$$\mu_1 = \mu_8 \times \mu_7 = \{(a_1,b_1)\,(a_1,b_2)\,(a_1,b_3)\,(a_1,b_4)$$
$$(a_2,b_1)\,(a_2,b_2)\,(a_2,b_3)\,(a_2,b_4)$$
$$(a_3,b_1)\,(a_3,b_2)\,(a_3,b_3)\,(a_3,b_4)\}$$

这是原专家组 μ_8 和 μ_7 的专家所组成的一组序对 (a_i,b_j),其中序对的个数满足关系 $|\mu_1| = |\mu_8|\,|\mu_7|$,我们可以把这些序对看成一个新的专家组,而这个新的专家组对 1 的表态情况又会是怎样的呢? 显然,只有当 $a_i \in \Delta\mu_8, b_j \in \Delta\mu_7$ 时才行,于是

$$\Delta\mu_1 = \{(a_i\,b_j)\,|\,a_i \in \Delta\mu_8\,\,b_j \in \Delta\mu_7\},$$

从而 $|\Delta\mu_1| = |\Delta\mu_8|\,|\Delta\mu_7|$,故得

$$P(\Delta\mu_1) = \frac{|\Delta\mu_1|}{|\mu_1|} = \frac{|\Delta\mu_8|}{|\mu_8|}\,\frac{|\Delta\mu_7|}{|\mu_7|}$$

$$= \frac{|\Delta\mu_8|}{|\mu_8|} \cdot \frac{|\Delta\mu_7|}{|\mu_7|} = \frac{2}{3} \times \frac{3}{4} = \frac{6}{12}$$

　　于是可得,该工厂库存产品量应为:

$$\underline{A}(x) = \begin{cases} \dfrac{2}{3}, & x = 8 \\[2mm] 0, & x\,\overline{\in}\,\{8\}\,\text{且}\,x \in R \end{cases}$$

　　与

$$\underline{B}(x) = \begin{cases} \dfrac{3}{4}, & x = 7 \\[2mm] 0, & x\,\overline{\in}\,\{7\}\,\text{且}\,x \in R \end{cases}$$

之差：

$$C(x) = A(x) - B(x) = \begin{cases} \dfrac{6}{12} = \dfrac{2}{3} \times \dfrac{3}{4}, x = 1 \\ \\ 0, x \overline{\in} \{1\} \text{ 且 } x \in R \end{cases}$$

显然，从这个简单的事例中，我们既可以找出 μ_1、$\Delta\mu_1$，又可以找出关系 $P(\Delta\mu_1) = P(\Delta\mu_8) \times P(\Delta\mu_7)$。

由以上实例可以给出清晰数的减法运算的运算法则。

减法法则定义如下：

定义 4-9　设清晰有理数

$$A(x) = \begin{cases} A(x_1), x = x_1 \\ A(x_2), x = x_2 \\ \vdots \\ A(x_n), x = x_n \\ 0, x \overline{\in} \{x_1, x_2, \cdots, x_n\} \text{ 且 } x \in R \end{cases}$$

$$B(x) = \begin{cases} B(y_1), x = y_1 \\ B(y_2), x = y_2 \\ \vdots \\ B(y_m), x = y_m \\ 0, x \overline{\in} \{y_1, y_2, \cdots, y_m\} \text{ 且 } x \in R \end{cases}$$

表 4-3 称为 $A(x)$ 与 $B(x)$ 的可能值带边减矩阵，实数列 x_1 $x_2 \cdots x_n$ 和 y_1 $y_2 \cdots y_m$ 分别称为 $A(x)$ 和 $B(x)$ 的可能值序列，且分别称为带边减矩阵的纵边和横边，互相垂直两条直线分别称为带边减矩阵的纵轴和横轴。

表 4 - 3　可能值带边减矩阵

x_1	$x_1 - y_1$	$x_1 - y_2$	$\cdots$	$x_1 - y_j$	$\cdots$	$x_1 - y_m$
x_2	$x_2 - y_1$	$x_2 - y_2$	$\cdots$	$x_2 - y_j$	$\cdots$	$x_2 - y_m$
$\vdots$	$\vdots$	$\vdots$		$\vdots$		$\vdots$
x_i	$x_i - y_1$	$x_i - y_2$	$\cdots$	$x_i - y_j$	$\cdots$	$x_i - y_m$
$\vdots$	$\vdots$	$\vdots$		$\vdots$	$\vdots$	$\vdots$
x_n	$x_n - y_1$	$x_n - y_2$	$\cdots$	$x_n - y_j$	$\cdots$	$x_n - y_m$
—	y_1	y_2	$\cdots$	y_j	$\cdots$	y_m

定义 4 - 10　表 4.3.2(见下表 4.3.2)称为 $\underline{A}(x)$ 与 $\underline{B}(x)$ 的隶属度带边积矩阵。

$\underline{A}(x_1),\underline{A}(x_2),\cdots,\underline{A}(x)$ 和 $\underline{B}(y_1),\underline{B}(y_2),\cdots,\underline{B}(y_m)$ 分别称为 $\underline{A}(x)$ 和 $\underline{B}(x)$ 的隶属度序列,且分别称为隶属度带边积矩阵的纵边和横边,互相垂直的两条直线分别叫做带边积矩阵的纵轴和横轴。

表 4 - 4　隶属度带边积矩阵

$\underline{A}(x_1)$	$\underline{A}(x_1)\underline{B}(y_1)$	$\underline{A}(x_1)\underline{B}(y_2)$	$\cdots$	$\underline{A}(x_1)\underline{B}(y_j)$	$\cdots$	$\underline{A}(x_1)\underline{B}(y_m)$
$\underline{A}(x_2)$	$\underline{A}(x_2)\underline{B}(y_1)$	$\underline{A}(x_2)\underline{B}(y_2)$	$\cdots$	$\underline{A}(x_2)\underline{B}(y_j)$	$\cdots$	$\underline{A}(x_2)\underline{B}(y_m)$
$\vdots$	$\vdots$	$\vdots$		$\vdots$		$\vdots$
$\underline{A}(x_i)$	$\underline{A}(x_i)\underline{B}(y_1)$	$\underline{A}(x_i)\underline{B}(y_2)$	$\cdots$	$\underline{A}(x_i)\underline{B}(y_j)$	$\cdots$	$\underline{A}(x_i)\underline{B}(y_m)$
$\vdots$	$\vdots$	$\vdots$		$\vdots$	$\vdots$	$\vdots$
$\underline{A}(x_n)$	$\underline{A}(x_n)\underline{B}(y_1)$	$\underline{A}(x_n)\underline{B}(y_2)$	$\cdots$	$\underline{A}(x_n)\underline{B}(y_j)$	$\cdots$	$\underline{A}(x_n)\underline{B}(y_m)$
$\times$	$\underline{B}(y_1)$	$\underline{B}(y_2)$	$\cdots$	$\underline{B}(y_j)$		$\underline{B}(y_m)$

定义 4 - 11　$\underline{A}(x)$ 与 $\underline{B}(x)$ 可能值带边减矩阵中右上方数字组成的矩阵

$$\begin{pmatrix} a_{11} & a_{12} & \cdots & a_{1m} \\ \vdots & \vdots & & \vdots \\ a_{i1} & a_{i2} & \cdots & a_{im} \\ \vdots & \vdots & & \vdots \\ a_{n1} & a_{n2} & \cdots & a_{nm} \end{pmatrix}$$

称为 $\underline{A}(x)$ 与 $\underline{B}(x)$ 的可能值减矩阵。

定义 4-12 $\underline{A}(x)$ 与 $\underline{B}(x)$ 隶属度带边积矩阵中右上方数字组成的矩阵

$$\begin{pmatrix} b_{11} & b_{12} & \cdots & b_{1m} \\ \vdots & \vdots & & \vdots \\ b_{i1} & b_{i2} & \cdots & b_{im} \\ \vdots & \vdots & & \vdots \\ b_{n1} & b_{n2} & \cdots & b_{nm} \end{pmatrix}$$

称为 $\underline{A}(x)$ 与 $\underline{B}(x)$ 的隶属度积矩阵。

定义 4-13 $\underline{A}(x)$ 与 $\underline{B}(x)$ 可能值减矩阵中第 i 行第 j 列元素 a_{ij} 与它们隶属度积矩阵中第 i 行第 j 列元素 b_{ij} 称为相应元素。

定义 4-14 将 $\underline{A}(x)$ 与 $\underline{B}(x)$ 的可能值减矩阵中元素排成一列，$\overline{x}_1\overline{x}_2\cdots\overline{x}_l$，$\underline{A}(x)$ 与 $\underline{B}(x)$ 隶属度积矩阵中 $\overline{x}_i(i=1\ 2\ \cdots l)$ 的相应元素排一列：$\underline{C}(\overline{x}_1),\underline{C}(\overline{x}_2),\cdots,\underline{C}(\overline{x}_l)$，则称清晰数

$$C(x) = \begin{cases} \underline{C}(\bar{x}_1), x = \bar{x}_1 \\ \underline{C}(\bar{x}_2), x = \bar{x}_2 \\ \vdots \\ \underline{C}(\bar{x}_l), x = \bar{x}_l \\ 0, x \overline{\in} \{\bar{x}_1, \bar{x}_2, \cdots, \bar{x}_l\} \text{ 且 } x \in R \end{cases}$$

为 $\underline{A}(x)$ 与 $\underline{B}(x)$ 之差,记作

$$\underline{C}(x) = \underline{A}(x) - \underline{B}(x)。$$

【例 4 - 7】　设清晰数

$$\underline{A}(x) = \begin{cases} \dfrac{1}{3}, x = 2 \\ \dfrac{1}{3}, x = 4 \\ 0, x \overline{\in} \{24\} \text{ 且 } x \in R \end{cases}$$

$$\underline{B}(x) = \begin{cases} \dfrac{1}{6}, x = 2 \\ \dfrac{2}{3}, x = 3 \\ 0, x \overline{\in} \{23\} \text{ 且 } x \in R \end{cases}$$

求 $\underline{A}(x) - \underline{B}(x)$。

解:$\underline{A}(x)$ 与 $\underline{B}(x)$ 的可能值带边减矩阵为

2	0	-1
4	2	1
—	2	3

$\underline{A}(x)$ 与 $\underline{B}(x)$ 的隶属度带边积矩阵为

$$
\begin{array}{c|cc}
\dfrac{1}{3} & \dfrac{1}{18} & \dfrac{2}{9} \\[2mm]
\dfrac{1}{3} & \dfrac{1}{18} & \dfrac{2}{9} \\[2mm]
\hline
\times & \dfrac{1}{6} & \dfrac{2}{3}
\end{array}
$$

将 $\underline{A}(x)$ 与 $\underline{B}(x)$ 可能值减矩阵的元素排成一列：

$$-1,0,1,2$$

将 $\underline{A}(x)$ 与 $\underline{B}(x)$ 的隶属度积矩阵中与其可能值和矩阵中 $-1,0,1,2$ 的相应元素排成一列

$$\underline{C}(-1)=\frac{2}{9},\underline{C}(0)=\frac{1}{18},\underline{C}(1)=\frac{2}{9},\underline{C}(2)=\frac{1}{18}$$

所以，

$$
\underline{C}(x)=\underline{A}(x)-\underline{B}(x)=
\begin{cases}
\dfrac{2}{9}, & x=-1 \\[2mm]
\dfrac{1}{18}, & x=0 \\[2mm]
\dfrac{2}{9}, & x=1 \\[2mm]
\dfrac{1}{18}, & x=2 \\[2mm]
0, & x\,\overline{\in}\,\{-1,0\ 1\ 2\}\ 且\ x\in R
\end{cases}
$$

4.3.2　清晰有理数减法的运算性质

定义 4 - 15　已知 n 阶清晰有理数 $\underline{A}(x)$,则称清晰有理数 $\underline{A}_-(x)$ 为清晰有理数 $\underline{A}(x)$ 的相反清晰有理数,记作 $-\underline{A}(x)$, 其中 $\underline{A}(x)$ 和 $-\underline{A}(x)$ 可以表示为

$$\underline{A}(x) = \begin{cases} \underline{A}(x_1), x = x_1 \\ \underline{A}(x_2), x = x_2 \\ \vdots \\ \underline{A}(x_n), x = x_n \\ 0, x \overline{\in} \{x_1, x_2, \cdots, x_n\} \text{ 且 } x \in R \end{cases}$$

$$-\underline{A}(x) = \begin{cases} \underline{A}(x_1), x = -x_1 \\ \underline{A}(x_2), x = -x_2 \\ \vdots \\ \underline{A}(x_n), x = -x_n \\ 0, x \overline{\in} \{-x_1, -x_2, \cdots, -x_n\} \text{ 且 } x \in R \end{cases}$$

我们知道实数是清晰有理的特例,实数可以表示成清晰有理数的形式,所以可以说相反清晰有理数是实数中相反数的推广,实数中的相反数是相反清晰有理数的特例。例如,在实数范围内 -1 和 1 互为相反数,在清晰数学范围内,$\underline{A}(x)$ 和 $-\underline{A}(x)$ 互为相反清晰有理数。

定理 4 - 1　清晰有理数 $\underline{A}(x)$ 与 $\underline{B}(x)$ 的差等于清晰有理数 $\underline{A}(x)$ 加上清晰有理数 $\underline{B}(x)$ 的相反清晰有理数 $-\underline{B}(x)$,即

$$\underline{A}(x) - \underline{B}(x) = \underline{A}(x) + (-\underline{B}(x))。$$

证明　设 $\underline{A}(x)$ 为 n 阶清晰有理数，$\underline{B}(x)$ 为 m 阶清晰有理数，$-\underline{B}(x)$ 为 $\underline{B}(x)$ 的相反清晰有理数，可以表示为

$$\underline{A}(x)=\begin{cases}\underline{A}(x_1),x=x_1\\\underline{A}(x_2),x=x_2\\\vdots\\\underline{A}(x_n),x=x_n\\0,x\,\overline{\in}\,\{x_1,x_2,\cdots,x_n\}\text{且}x\in R\end{cases}$$

$$\underline{B}(x)=\begin{cases}\underline{B}(y_1),x=y_1\\\underline{B}(y_2),x=y_2\\\vdots\\\underline{B}(y_m),x=y_m\\0,x\,\overline{\in}\,\{y_1,y_2,\cdots,y_m\}\text{且}x\in R\end{cases}$$

$$-\underline{B}(x)=\begin{cases}\underline{B}(y_1),x=-y_1\\\underline{B}(y_2),x=-y_2\\\vdots\\\underline{B}(y_m),x=-y_m\\0,x\,\overline{\in}\,\{-y_1,-y_2,\cdots,-y_m\}\text{且}x\in R\end{cases}$$

因为清晰有理数 $\underline{A}(x)$ 与 $\underline{B}(x)$ 的可能值差矩阵中的元素为 x_i-y_j，且 x_i-y_j 在 $\underline{A}(x)$ 与 $\underline{B}(x)$ 的隶属度积矩阵中的相应元素为 $A_{(x_i)}\times B_{(y_j)}(i=1,2,\cdots,n,j=1,2,\cdots,m)$。

又因为清晰有理数 $\underline{A}(x)$ 与 $-\underline{B}(x)$ 的可能值和矩阵中的元素为 $x_i+(-y_j)$，且 $x_i+(-y_j)$ 在 $\underline{A}(x)$ 与 $-\underline{B}(x)$ 的隶属度

积矩阵中的相应元素为 $A_{(x_i)} \times B_{(y_j)}(i=1,2,\cdots,n,j=1,2,\cdots,m)$。

又因为 $x_i - y_j = x_i + (-y_j)$，$A_{(x_i)} \times B_{(y_j)} = A_{(x_i)} \times B_{(y_j)}$，所以由清晰有理数加法和减法运算的定义得：

$$\underline{A}(x) - \underline{B}(x) = \underline{A}(x) + (-\underline{B}(x))$$

说明：

(1) 利用相反清晰有理数可以把清晰有理数的减法运算转化为清晰有理数的加法运算。

(2) 在实数范围内，互为相反数的两个数之和为 0，例如：$1 + (-1) = 0$，但在清晰有理数范围中，互为相反清晰有理数的两个清晰有理数之和却不一定为实数 0。即使是相等的两个清晰有理数的差也不一定是实数 0，即 $\underline{A}(x) = \underline{B}(x)$ 不能推出 $\underline{A}(x) - \underline{B}(x) = 0$，也说明清晰有理数的运算法则中一般不满足移项法则。

定理 4-2　清晰有理数 $\underline{A}(x)$、$\underline{B}(x)$、$\underline{C}(x)$ 的减法满足一下关系，

$$\underline{A}(x) - \underline{B}(x) - \underline{C}(x) = \underline{A}(x) - (\underline{B}(x) + \underline{C}(x))。$$

证明　设 $\underline{A}(x)$ 为 n 阶清晰有理数，$\underline{B}(x)$ 为 m 阶清晰有理数，$\underline{C}(x)$ 为 k 阶清晰有理数，可以表示为

$$\underline{A}(x) = \begin{cases} \underline{A}(x_1), x = x_1 \\ \underline{A}(x_2), x = x_2 \\ \vdots \\ \underline{A}(x_n), x = x_n \\ 0, x \overline{\in} \{x_1, x_2, \cdots, x_n\} \text{且} x \in R \end{cases}$$

$$\underline{B}(x) = \begin{cases} \underline{B}(y_1), x = y_1 \\ \underline{B}(y_2), x = y_2 \\ \vdots \\ \underline{B}(y_m), x = y_m \\ 0, x \overline{\in} \{y_1, y_2, \cdots, y_m\} \text{且} x \in R \end{cases}$$

$$\underline{C}(x) = \begin{cases} \underline{C}(z_1), x = z_1 \\ \underline{C}(z_2), x = z_2 \\ \vdots \\ \underline{C}(z_k), x = z_k \\ 0, x \overline{\in} \{z_1, z_2, \cdots, z_k\} \text{且} x \in R \end{cases}$$

因为清晰有理数 $\underline{A}(x)$ 与 $\underline{B}(x)$ 的可能值差矩阵中的元素为 $x_i - y_j$，且 $x_i - y_j$ 在 $\underline{A}(x)$ 与 $\underline{B}(x)$ 的隶属度积矩阵中的相应元素为 $A_{(x_i)} \times B_{(y_j)}$ $(i = 1, 2, \cdots, n, j = 1, 2, \cdots, m)$；$(\underline{A}(x) - \underline{B}(x))$ 与 $\underline{C}(x)$ 的可能值差矩阵中的元素为 $x_i - y_j - z_l$，且 $x_i - y_j - z_l$ 在 $(\underline{A}(x) - \underline{B}(x))$ 与 $\underline{C}(x)$ 的隶属度积矩阵中的相应元素为 $A_{(x_i)} \times B_{(y_j)} \times C_{(z_l)}$ $(i = 1, 2, \cdots, n, j = 1, 2, \cdots, m, l = 1, 2, \cdots, k)$。

清晰有理数 $\underline{B}(x)$ 与 $\underline{C}(x)$ 的可能值和矩阵中的元素为 $y_j + z_l$，且 $y_j + z_l$ 在 $\underline{B}(x)$ 与 $\underline{C}(x)$ 的隶属度积矩阵中的相应元素为 $B_{(y_j)} \times C_{(z_l)}$ $(i = 1, 2, \cdots, n, j = 1, 2, \cdots, m)$；$\underline{A}(x)$ 与 $(\underline{B}(x) + \underline{C}(x))$ 的可能值差矩阵中的元素为 $x_i - (y_j + z_l)$，且 $x_i - (y_j + z_l)$ 在 $\underline{A}(x)$ 与 $(\underline{B}(x) + \underline{C}(x))$ 的隶属度积矩阵中的相应元素为 $A_{(x_i)} \times (B_{(y_j)} \times C_{(z_l)})$ $(i = 1, 2, \cdots, n, j = 1, 2, \cdots, m, l = 1, 2, \cdots, k)$。

又因为 $x_i - y_j - z_l = x_i - (y_j + z_l)$，$A_{(x_i)} \times B_{(y_j)} \times C_{(z_l)} = A_{(x_i)} \times (B_{(y_j)} \times C_{(z_l)})$，

所以由清晰有理数加法和减法运算的定义得：

$$\underline{A}(x) - \underline{B}(x) - \underline{C}(x) = \underline{A}(x) - (\underline{B}(x) + \underline{C}(x))$$

4.4　清晰有理数的乘法及运算法则

4.4.1　清晰有理数的乘法

【例 4-8】　某市计划修建一个长方形体育场馆，需要对其占地面积进行评估，现请来两组专家分别对场馆的长和宽进行评估，专家组 $\mu_{150} = \{a_1, a_2, a_3\}$ 估计场馆的宽度应为 150 米，其中两位专家表示赞成，一位没有表态，赞成者具体构成集 $\Delta\mu_{150} = \{a_1, a_3\}$，专家组 $\mu_{200} = \{b_1, b_2, b_3, b_4\}$ 估计场馆的长度应为 200 米，其中三位专家表示赞成，一位没有表态，赞成者具体构成集 $\Delta\mu_{200} = \{b_1, b_2, b_3\}$，请根据两组专家的意见，分析一下该体育场馆的面积应该是多少？

这是一个关于清晰数的乘法运算的问题。根据两个组专家的分析，体育场馆的长度为 200 米宽度为 150 米，那么其面积应该为 $200 \times 150 = 30000$ 平方米，但是由于专家表态不一致，这个 30000 的隶属度应该是多少呢？同理，这个 30000 的 μ_{30000}、$\Delta\mu_{30000}$、$P(\Delta\mu_{30000})$ 又分别是多少呢？

我们知道 μ_{30000} 一定和 μ_{150}、μ_{200} 有关，因此可以令

$$\mu_{30000} = \mu_{150} \times \mu_{200} =$$

$$\{(a_1, b_1)\ (a_1, b_2)\ (a_1, b_3)\ (a_1, b_4)\ (a_2, b_1)\ (a_2, b_2)$$

(a_2 ,b_3) (a_2 ,b_4) (a_3 ,b_1) (a_3 ,b_2) (a_3 ,b_3) $(a_3 ,b_4)\}$

这是原专家组 μ_{150} 和 μ_{200} 的专家所组成的一组序对 (a_i, b_j)，其中序对的个数满足关系 $|\mu_{30000}| = |\mu_{150}| \, |\mu_{200}|$，我们可以把这些序对看成一个新的专家组，而这个新的专家组对 30000 的表态情况又会是怎样的呢？显然，只有当 $a_i \in \Delta\mu_{150}, b_j \in \Delta\mu_{200}$ 时才行，于是

$$\Delta\mu_{30000} = \{(a_i\, b_j) \mid a_i \in \Delta\mu_{150}\ b_j \in \Delta\mu_{200}\}$$

从而 $|\Delta\mu_{30000}| = |\Delta\mu_{150}| \, |\Delta\mu_{200}|$，故得

$$P(\Delta\mu_{30000}) = \frac{|\Delta\mu_{30000}|}{|\mu_{30000}|} = \frac{|\Delta\mu_{150}|}{|\mu_{150}|} \frac{|\Delta\mu_{200}|}{|\mu_{200}|}$$

$$= \frac{|\Delta\mu_{150}|}{|\mu_{150}|} \cdot \frac{|\Delta\mu_{200}|}{|\mu_{200}|} = \frac{2}{3} \times \frac{3}{4} = \frac{6}{12}$$

于是可得，该长方形体育场馆的占地面积应为：

$$A(x) = \begin{cases} \dfrac{2}{3}, x = 150 \\[2mm] 0, x \in \{150\} \text{ 且 } x \in R \end{cases}$$

与

$$B(x) = \begin{cases} \dfrac{3}{4}, x = 200 \\[2mm] 0, x \in \{200\} \text{ 且 } x \in R \end{cases}$$

之积：即

$$C(x) = A(x) \times B(x)$$

$$=\begin{cases}\dfrac{6}{12}=\dfrac{2}{3}\times\dfrac{3}{4},x=30000\\[2mm]0,x\overline{\in}\{30000\}\text{且}x\in R\end{cases}$$

显然，从这个简单的事例中，我们既可以找出 μ_{30000}、$\Delta\mu_{30000}$，又可以找出关系 $P(\Delta\mu_{30000})=P(\Delta\mu_{150})\times P(\Delta\mu_{200})$。

由以上实例可以给出清晰数的乘法运算。

定义 4 - 16　设清晰有理数

$$\underline{A}(x)=\begin{cases}\underline{A}(x_1)&x=x_1\\\underline{A}(x_2)&x=x_2\\\vdots\\\underline{A}(x_n)&x=x_n\\0,x\overline{\in}\{x_1,x_2,\cdots,x_n\}\text{且}x\in R\end{cases}$$

$$\underline{B}(x)=\begin{cases}\underline{B}(y_1)&x=y_1\\\underline{B}(y_2)&x=y_2\\\vdots\\\underline{B}(y_m)&x=y_m\\0,x\overline{\in}\{y_1,y_2,\cdots,y_m\}\text{且}x\in R\end{cases}$$

表 4-5 称为 $\underline{A}(x)$ 与 $\underline{B}(x)$ 的可能值带边积矩阵，实数列 x_1 $x_2\cdots x_n$ 和 y_1 $y_2\cdots y_m$ 分别称为 $\underline{A}(x)$ 和 $\underline{B}(x)$ 的可能值序列，且分别称为带边积矩阵的纵边和横边，互相垂直的两条直线分别称为带边积矩阵的纵轴和横轴。

表 4-5 可能值带边积矩阵

x_1	$x_1 \times y_1$	$x_1 \times y_2$	$\cdots$	$x_1 \times y_j$	$\cdots$	$x_1 \times y_m$
x_2	$x_2 \times y_1$	$x_2 \times y_2$	$\cdots$	$x_2 \times y_j$	$\cdots$	$x_2 \times y_m$
$\vdots$	$\vdots$	$\vdots$		$\vdots$		$\vdots$
x_i	$x_i \times y_1$	$x_i \times y_2$		$x_i \times y_j$		$x_i \times y_m$
$\vdots$	$\vdots$	$\vdots$		$\vdots$		$\vdots$
x_n	$x_n \times y_1$	$x_n \times y_2$		$x_n \times y_j$		$x_n \times y_m$
$\times$	y_1	y_2	$\cdots$	y_j	$\cdots$	y_m

定义 4-17 表 4.4.2(见下表 4.4.2)称为 $\underline{A}(x)$ 与 $\underline{B}(x)$ 的隶属度带边积矩阵。

$\underline{A}(x_1),\underline{A}(x_2),\cdots,\underline{A}(x)$ 和 $\underline{B}(y_1),\underline{B}(y_2),\cdots,\underline{B}(y_m)$ 分别称为 $\underline{A}(x)$ 和 $\underline{B}(x)$ 的隶属度序列,且分别称为隶属度带边积矩阵的纵边和横边,互相垂直的两条直线分别叫做带边积矩阵的纵轴和横轴。

表 4-6 隶属度带边积矩阵

$\underline{A}(x_1)$	$\underline{A}(x_1)\underline{B}(y_1)$	$\underline{A}(x_1)\underline{B}(y_2)$	$\cdots$	$\underline{A}(x_1)\underline{B}(y_j)$	$\cdots$	$\underline{A}(x_1)\underline{B}(y_m)$
$\underline{A}(x_2)$	$\underline{A}(x_2)\underline{B}(y_1)$	$\underline{A}(x_2)\underline{B}(y_2)$	$\cdots$	$\underline{A}(x_2)\underline{B}(y_j)$	$\cdots$	$\underline{A}(x_2)\underline{B}(y_m)$
$\vdots$	$\vdots$	$\vdots$		$\vdots$		$\vdots$
$\underline{A}(x_i)$	$\underline{A}(x_i)\underline{B}(y_1)$	$\underline{A}(x_i)\underline{B}(y_2)$	$\cdots$	$\underline{A}(x_i)\underline{B}(y_j)$	$\cdots$	$\underline{A}(x_i)\underline{B}(y_m)$
$\vdots$	$\vdots$	$\vdots$		$\vdots$		$\vdots$
$\underline{A}(x_n)$	$\underline{A}(x_n)\underline{B}(y_1)$	$\underline{A}(x_n)\underline{B}(y_2)$	$\cdots$	$\underline{A}(x_n)\underline{B}(y_j)$	$\cdots$	$\underline{A}(x_n)\underline{B}(y_m)$
$\times$	$\underline{B}(y_1)$	$\underline{B}(y_2)$	$\cdots$	$\underline{B}(y_j)$	$\cdots$	$\underline{B}(y_m)$

定义 4-18 $\underline{A}(x)$ 与 $\underline{B}(x)$ 可能值带边积矩阵中右上方数字组成的矩阵

$$\begin{pmatrix} a_{11} & a_{12} & \cdots & a_{1m} \\ \vdots & \vdots & & \vdots \\ a_{i1} & a_{i2} & \cdots & a_{im} \\ \vdots & \vdots & & \vdots \\ a_{n1} & a_{n2} & \cdots & a_{nm} \end{pmatrix}$$

称为 $\underline{A}(x)$ 与 $\underline{B}(x)$ 的可能值积矩阵。

定义 4 - 19　$\underline{A}(x)$ 与 $\underline{B}(x)$ 隶属度带边积矩阵中右上方数字组成的矩阵

$$\begin{pmatrix} b_{11} & b_{12} & \cdots & b_{1m} \\ \vdots & \vdots & & \vdots \\ b_{i1} & b_{i2} & \cdots & b_{im} \\ \vdots & \vdots & & \vdots \\ b_{n1} & b_{n2} & \cdots & b_{nm} \end{pmatrix}$$

称为 $\underline{A}(x)$ 与 $\underline{B}(x)$ 的隶属度积矩阵。

定义 4 - 20　$\underline{A}(x)$ 与 $\underline{B}(x)$ 可能值积矩阵中第 i 行第 j 列元素 a_{ij} 与它们隶属度积矩阵中第 i 行第 j 列元素 b_{ij} 称为相应元素。

定义 4 - 21　将 $\underline{A}(x)$ 与 $\underline{B}(x)$ 的可能值积矩阵中元素排成一列,$\bar{x}_1 \bar{x}_2 \cdots \bar{x}_l$,$\underline{A}(x)$ 与 $\underline{B}(x)$ 隶属度积矩阵中 $\bar{x}_i (i=1\ 2\ \cdots l)$ 的相应元素排一列:$\underline{C}(\bar{x}_1),\underline{C}(\bar{x}_2),\cdots,\underline{C}(\bar{x}_l)$,则称清晰数

$$\underline{C}(x) = \begin{cases} \underline{C}(\bar{x}_1), x = \bar{x}_1 \\ \underline{C}(\bar{x}_2), x = \bar{x}_2 \\ \vdots \\ \underline{C}(\bar{x}_l), x = \bar{x}_l \\ 0, x \overline{\in} \{\bar{x}_1, \bar{x}_2, \cdots, \bar{x}_l\} \text{且} x \in R \end{cases}$$

为 $\underline{A}(x)$ 与 $\underline{B}(x)$ 之积,记作

$$\underline{C}(x) = \underline{A}(x) \times \underline{B}(x)$$

【例 4-9】 设清晰数

$$\underline{A}(x) = \begin{cases} \dfrac{1}{3}, & x = 2 \\[2mm] \dfrac{1}{3}, & x = 4 \\[2mm] 0, & x \,\overline{\in}\, \{24\} \text{ 且 } x \in R \end{cases}$$

$$\underline{B}(x) = \begin{cases} \dfrac{1}{6}, & x = 2 \\[2mm] \dfrac{2}{3}, & x = 3 \\[2mm] 0, & x \,\overline{\in}\, \{23\} \text{ 且 } x \in R \end{cases}$$

求 $\underline{A}(x) \times \underline{B}(x)$。

解: $\underline{A}(x)$ 与 $\underline{B}(x)$ 的可能值带边积矩阵为

	4	6
2 / 4	8	12
×	2	3

$\underline{A}(x)$ 与 $\underline{B}(x)$ 的隶属度带边积矩阵为

$\dfrac{1}{3}$	$\dfrac{1}{18}$	$\dfrac{2}{9}$
$\dfrac{1}{3}$	$\dfrac{1}{18}$	$\dfrac{2}{9}$
×	$\dfrac{1}{6}$	$\dfrac{2}{3}$

将 $\underline{A}(x)$ 与 $\underline{B}(x)$ 可能值积矩阵的元素排成一列:

$$4,6,8,12$$

将 $\underline{A}(x)$ 与 $\underline{B}(x)$ 的隶属度积矩阵中与其可能值和矩阵中

$$4,6,8,12$$

的相应元素排成一列

$$\underline{C}(4)=\frac{1}{18},\underline{C}(6)=\frac{2}{9},\underline{C}(8)=\frac{1}{18},\underline{C}(12)=\frac{2}{9}$$

所以,

$$\underline{C}(x)=\underline{A}(x)\times\underline{B}(x)=\begin{cases}\dfrac{1}{18},x=4\\[2mm]\dfrac{2}{9},x=6\\[2mm]\dfrac{1}{18},x=8\\[2mm]\dfrac{2}{9},x=12\\[2mm]0,x\overline{\in}\{4,6\ 8\ 12\}\text{且}x\in R\end{cases}$$

4.4.2　清晰有理数乘法的运算性质

性质 4-3　清晰有理数 $\underline{A}(x)$、$\underline{B}(x)$ 的乘法满足交换律,即 $\underline{A}(x)\times\underline{B}(x)=\underline{B}(x)\times\underline{A}(x)$。

证明　设 $\underline{A}(x)$ 为 n 阶清晰有理数,$\underline{B}(x)$ 为 m 阶清晰有理数,可以表示为

$$A(x) = \begin{cases} \underline{A}(x_1), x = x_1 \\ \underline{A}(x_2), x = x_2 \\ \vdots \\ \underline{A}(x_n), x = x_n \\ 0, x \overline{\in} \{x_1, x_2, \cdots, x_n\} \text{ 且 } x \in R \end{cases}$$

$$B(x) = \begin{cases} \underline{B}(y_1), x = y_1 \\ \underline{B}(y_2), x = y_2 \\ \vdots \\ \underline{B}(y_m), x = y_m \\ 0, x \overline{\in} \{y_1, y_2, \cdots, y_m\} \text{ 且 } x \in R \end{cases}$$

因为清晰有理数 $\underline{A}(x)$ 与 $\underline{B}(x)$ 的可能值积矩阵中的元素为 $x_i \times y_j$，且 $x_i \times y_j$ 在 $\underline{A}(x)$ 与 $\underline{B}(x)$ 的隶属度积矩阵中的相应元素为 $A_{(x_i)} \times B_{(y_j)} (i=1,2,\cdots,n, j=1,2,\cdots,m)$。

因为清晰有理数 $\underline{B}(x)$ 与 $\underline{A}(x)$ 的可能值和矩阵中的元素为 $y_j \times x_i$，且 $y_j \times x_i$ 在 $\underline{B}(x)$ 与 $\underline{A}(x)$ 的隶属度积矩阵中的相应元素为 $B_{(y_j)} \times A_{(x_i)} (i=1,2,\cdots,n, j=1,2,\cdots,m)$。

又因为 $x_i \times y_j = y_j \times x_i, A_{(x_i)} \times B_{(y_j)} = B_{(y_j)} \times A_{(x_i)}$，所以由清晰有理数乘法运算的定义得：

$$\underline{A}(x) \times \underline{B}(x) = \underline{B}(x) \times \underline{A}(x)$$

性质 4 - 4　清晰有理数 $\underline{A}(x)$、$\underline{B}(x)$、$\underline{C}(x)$ 的乘法满足结合律，即

$$\underline{A}(x) \times \underline{B}(x) \times \underline{C}(x) = \underline{A}(x) \times (\underline{B}(x) \times \underline{C}(x))。$$

证明　设 $\underline{A}(x)$ 为 n 阶清晰有理数，$\underline{B}(x)$ 为 m 阶清晰有理数，$\underline{C}(x)$ 为 k 阶清晰有理数，可以表示为

$$\underline{A}(x) = \begin{cases} \underline{A}(x_1), x = x_1 \\ \underline{A}(x_2), x = x_2 \\ \vdots \\ \underline{A}(x_n), x = x_n \\ 0, x \overline{\in} \{x_1, x_2, \cdots, x_n\} \text{且} x \in R \end{cases}$$

$$\underline{B}(x) = \begin{cases} \underline{B}(y_1), x = y_1 \\ \underline{B}(y_2), x = y_2 \\ \vdots \\ \underline{B}(y_m), x = y_m \\ 0, x \overline{\in} \{y_1, y_2, \cdots, y_m\} \text{且} x \in R \end{cases}$$

$$\underline{C}(x) = \begin{cases} \underline{C}(z_1), x = z_1 \\ \underline{C}(z_2), x = z_2 \\ \vdots \\ \underline{C}(z_k), x = z_k \\ 0, x \overline{\in} \{z_1, z_2, \cdots, z_k\} \text{且} x \in R \end{cases}$$

因为清晰有理数 $\underline{A}(x)$ 与 $\underline{B}(x)$ 的可能值积矩阵中的元素为 $x_i \times y_j$，且 $x_i \times y_j$ 在 $\underline{A}(x)$ 与 $\underline{B}(x)$ 的隶属度积矩阵中的相应元素为 $A_{(x_i)} \times B_{(y_j)} (i=1,2,\cdots,n,j=1,2,\cdots,m)$；$(\underline{A}(x) \times \underline{B}(x))$ 与 $\underline{C}(x)$ 的可能值积矩阵中的元素为 $x_i \times y_j \times z_l$，且 $x_i \times y_j \times z_l$ 在 $(\underline{A}(x) \times \underline{B}(x))$ 与 $\underline{C}(x)$ 的隶属度积矩阵中的相应元素为 $A_{(x_i)} \times B_{(y_j)} \times C_{(z_l)} (i=1,2,\cdots,n,j=1,2,\cdots,m,l=1,2,\cdots,k)$。

清晰有理数 $\underline{B}(x)$ 与 $\underline{C}(x)$ 的可能值和矩阵中的元素为 $y_j \times z_l$，且 $y_j \times z_l$ 在 $\underline{B}(x)$ 与 $\underline{C}(x)$ 的隶属度积矩阵中的相应元素为 $B_{(y_j)} \times C_{(z_l)} (i=1,2,\cdots,n,j=1,2,\cdots,m)$；$\underline{A}(x)$ 与 $(\underline{B}(x) \times \underline{C}(x))$ 的可能值和矩阵中的元素为 $x_i \times (y_j \times z_l)$，且 $x_i \times (y_j \times z_l)$ 在 $\underline{A}(x)$ 与 $(\underline{B}(x) \times \underline{C}(x))$ 的隶属度积矩阵中的相应元素为 $A_{(x_i)} \times (B_{(y_j)} \times C_{(z_l)}) (i=1,2,\cdots,n,j=1,2,\cdots,m,l=1,2,\cdots,k)$。

又因为 $x_i \times y_j \times z_l = x_i \times (y_j \times z_l)$，$A_{(x_i)} \times B_{(y_j)} \times C_{(z_l)} = A_{(x_i)} \times (B_{(y_j)} \times C_{(z_l)})$，所以由清晰有理数乘法运算的定义得：

$$\underline{A}(x) \times \underline{B}(x) \times \underline{C}(x) = \underline{A}(x) \times (\underline{B}(x) \times \underline{C}(x))$$

性质 4-5　清晰有理数 $\underline{A}(x)$、$\underline{B}(x)$、$\underline{C}(x)$，若 $\underline{A}(x)$ 的所有可能值所对应的隶属度均为 1 且为一阶时，则满足乘法分配律，即

$$\underline{A}(x) \times (\underline{B}(x) + \underline{C}(x)) = \underline{A}(x) \times \underline{B}(x) + \underline{A}(x) \times \underline{C}(x)$$

证明　设 $\underline{A}(x)$ 为 n 阶清晰有理数，$\underline{B}(x)$ 为 m 阶清晰有理数，$\underline{C}(x)$ 为 k 阶清晰有理数，可以表示为

$$\underline{A}(x) = \begin{cases} \underline{A}(x_1), x = x_1 \\ \underline{A}(x_2), x = x_2 \\ \vdots \\ \underline{A}(x_n), x = x_n \\ 0, x \overline{\in} \{x_1, x_2, \cdots, x_n\} \text{且} x \in R \end{cases}$$

$$\underline{B}(x) = \begin{cases} \underline{B}(y_1), x = y_1 \\ \underline{B}(y_2), x = y_2 \\ \vdots \\ \underline{B}(y_m), x = y_m \\ 0, x \overline{\in} \{y_1, y_2, \cdots, y_m\} \text{且} x \in R \end{cases}$$

$$\underline{C}(x) = \begin{cases} \underline{C}(z_1), x = z_1 \\ \underline{C}(z_2), x = z_2 \\ \vdots \\ \underline{C}(z_k), x = z_k \\ 0, x \overline{\in} \{z_1, z_2, \cdots, z_k\} \text{且} x \in R \end{cases}$$

因为清晰有理数 $\underline{B}(x)$ 与 $\underline{C}(x)$ 的可能值和矩阵中的元素为 $y_j + z_l$，且 $y_j + z_l$ 在 $\underline{B}(x)$ 与 $\underline{C}(x)$ 的隶属度积矩阵中的相应元素为 $B_{(y_j)} \times C_{(z_l)}(i = 1, 2, \cdots, n, j = 1, 2, \cdots, m)$；$\underline{A}(x)$ 与 $(\underline{B}(x) + \underline{C}(x))$ 的可能值积矩阵中的元素为 $x_i \times (y_j + z_l)$，且

$x_i \times (y_j + z_l)$ 在 $\underline{A}(x)$ 与 $(\underline{B}(x) + \underline{C}(x))$ 的隶属度积矩阵中的相应元素为 $A_{(x_i)} \times B_{(y_j)} \times C_{(z_l)}(i=1,2,\cdots,n,j=1,2,\cdots,m,l=1,2,\cdots,k)$。

清晰有理数 $\underline{A}(x)$ 与 $\underline{B}(x)$ 的可能值积矩阵中的元素为 $x_i \times y_j$,且 $x_i \times y_j$ 在 $\underline{A}(x)$ 与 $\underline{B}(x)$ 的隶属度积矩阵中的相应元素为 $A_{(x_i)} \times B_{(y_j)}$,$(i=1,2,\cdots,n,j=1,2,\cdots,m)$;清晰有理数 $\underline{A}(x)$ 与 $\underline{C}(x)$ 的可能值积矩阵中的元素为 $x_i \times z_l$,且 $x_i \times z_l$ 在 $\underline{A}(x)$ 与 $\underline{C}(x)$ 的隶属度积矩阵中的相应元素为 $A_{(x_i)} \times C_{(z_l)}$,$(i=1,2,\cdots,n,l=1,2,\cdots,k)$;$\underline{A}(x) \times \underline{B}(x)$ 与 $\underline{A}(x) \times \underline{C}(x)$ 的可能值和矩阵中的元素为 $x_i \times y_j + x_i \times z_l$,且 $x_i \times y_j + x_i \times z_l$ 在 $\underline{A}(x) \times \underline{B}(x)$ 与 $\underline{A}(x) \times \underline{C}(x)$ 的隶属度积矩阵中的相应元素为 $A_{(x_i)} \times B_{(y_j)} \times A_{(x_i)} \times C_{(z_l)} = A_{(x_i)}^2 \times (B_{(y_j)} \times C_{(z_l)})$,其中$(i=1,2,\cdots,n,j=1,2,\cdots,m,l=1,2,\cdots,k)$。

又因为可能值的关系 $x_i \times (y_j + z_l) = x_i \times y_j + x_i \times z_l$ 成立,而隶属度的关系一般是 $A_{(x_i)} \times B_{(y_j)} \times C_{(z_l)} \neq A_{(x_i)}^2 \times (B_{(y_j)} \times C_{(z_l)})$,要使关系成立,就要求 $\underline{A}(x_i) = \underline{A}_{(x_i)}^2$,即 $\underline{A}(x_i) = 1(i=1,2,\cdots,n,j=1,2,\cdots,m,l=1,2,\cdots,k)$,

所以由清晰有理数加法和乘法运算的定义得:

当 $\underline{A}(x_i) = 1(i=1,2,\cdots,n,)$ 且 $\underline{A}(x_i)$ 为一阶时,

$$\underline{A}(x) \times (\underline{B}(x) + \underline{C}(x)) = \underline{A}(x) \times \underline{B}(x) + \underline{A}(x) \times \underline{C}(x)$$

试举反例如下。

【例 4-10】 设有清晰有理数 $\underline{A}(x)$、$\underline{B}(x)$、$\underline{C}(x)$,分别为

$$\underline{A}(x) = \begin{cases} \dfrac{1}{3}, x=2 \\[2mm] \dfrac{3}{5}, x=3 \\[2mm] 0, x \overline{\in} \{2,3\} \text{ 且 } x \in R \end{cases}$$

$$B(x) = \begin{cases} \dfrac{1}{2}, & x=1 \\[2mm] \dfrac{2}{3}, & x=2 \\[2mm] 0, & x \,\overline{\in}\, \{1,2\} \text{ 且 } x \in R \end{cases}$$

$$C(x) = \begin{cases} \dfrac{4}{5}, & x=4 \\[2mm] \dfrac{2}{3}, & x=5 \\[2mm] 0, & x \,\overline{\in}\, \{4,5\} \text{ 且 } x \in R \end{cases}$$

　　试求：$\underline{A}(x) \times (\underline{B}(x) + \underline{C}(x))$ 和 $\underline{A}(x) \times \underline{B}(x) + \underline{A}(x) \times \underline{C}(x)$，看其是否相等？

　　解：根据加法的定义可得，$\underline{B}(x) + \underline{C}(x)$ 的值为

$$\underline{B}(x) + \underline{C}(x) = \begin{cases} \dfrac{2}{5}, & x=5 \\[2mm] \dfrac{1}{3}, & x=6 \\[2mm] \dfrac{8}{15}, & x=6 \\[2mm] \dfrac{4}{9}, & x=7 \\[2mm] 0, & x \,\overline{\in}\, \{5,6,7\} \text{ 且 } x \in R \end{cases}$$

　　根据乘法的定义可得，$\underline{A}(x) \times (\underline{B}(x) + \underline{C}(x))$ 的值为

$$\underline{A}(x) \times (\underline{B}(x) + \underline{C}(x)) =$$

$$\begin{cases} \dfrac{2}{15}, x = 10 \\[2mm] \dfrac{1}{9}, x = 12 \\[2mm] \dfrac{8}{45}, x = 12 \\[2mm] \dfrac{4}{27}, x = 14 \\[2mm] \dfrac{6}{25}, x = 15 \\[2mm] \dfrac{1}{5}, x = 18 \\[2mm] \dfrac{8}{25}, x = 18 \\[2mm] \dfrac{4}{15}, x = 21 \\[2mm] 0, x \overline{\in} \{10, 12, 14, 15, 18, 21\} \text{ 且 } x \in R \end{cases}$$

根据乘法的定义可得, $\underline{A}(x) \times \underline{B}(x)$ 的值为

$$\underline{A}(x) \times \underline{B}(x) = \begin{cases} \dfrac{1}{6}, x = 2 \\[2mm] \dfrac{3}{10}, x = 3 \\[2mm] \dfrac{2}{9}, x = 4 \\[2mm] \dfrac{2}{5}, x = 6 \\[2mm] 0, x \overline{\in} \{2, 3, 4, 6\} \text{ 且 } x \in R \end{cases}$$

根据乘法的定义可得，$\underline{A}(x) \times \underline{C}(x)$ 的值为

$$\underline{A}(x) \times \underline{C}(x) = \begin{cases} \dfrac{4}{15}, x = 8 \\[2mm] \dfrac{2}{9}, x = 10 \\[2mm] \dfrac{12}{25}, x = 12 \\[2mm] \dfrac{2}{5}, x = 15 \\[2mm] 0, x \overline{\in} \{8, 10, 12, 15\} \text{ 且 } x \in R \end{cases}$$

根据加法的定义可得，$\underline{A}(x) \times \underline{B}(x) + \underline{A}(x) \times \underline{C}(x)$ 的值为

可能值	10	11	12	12	13	14
隶属度	2/15	6/75	8/135	1/27	1/15	2/25
可能值	14	14	15	16	16	17
隶属度	4/81	8/75	18/125	8/75	4/45	1/15
可能值	18	18	19	21	其他	
隶属度	24/125	3/25	4/45	4/25	0	

由以上可得，

$$\underline{A}(x) \times (\underline{B}(x) + \underline{C}(x)) \neq \underline{A}(x) \times \underline{B}(x) + \underline{A}(x) \times \underline{C}(x)$$

可知，一般情况下清晰有理数的乘法分配律是不能成立的，只有当 $\underline{A}(x)$ 的所有可能值所对应的隶属度均为 1 且为一阶时，才满足乘法分配律，即

$$\underline{A}(x) \times (\underline{B}(x) + \underline{C}(x)) = \underline{A}(x) \times \underline{B}(x) + \underline{A}(x) \times \underline{C}(x)。$$

【例 4 - 11】 设

$$\underline{A}(x) = \begin{cases} 1, x = 1 \\ 1, x = 1 \\ 0, x \neq 1 \text{ 且 } x \in R \end{cases}$$

$$\underline{B}(x) = \begin{cases} 1, x = 1 \\ 0, x \neq 1 \text{ 且 } x \in R \end{cases}$$

$$\underline{C}(x) = \begin{cases} 1, x = 1 \\ 0, x \neq 1 \text{ 且 } x \in R \end{cases}$$

则可算得：

$$\underline{A}(x)[\underline{B}(x) + \underline{C}(x)] = \begin{cases} 1, x = 2 \\ 1, x = 2 \\ 0, x \neq 2 \text{ 且 } x \in R \end{cases}$$

$$\underline{A}(x)\underline{B}(x) + \underline{A}(x)\underline{C}(x) = \begin{cases} 1, x = 2 \\ 1, x = 2 \\ 1, x = 2 \\ 1, x = 2 \\ 0, x \neq 2 \text{ 且 } x \in R \end{cases}$$

故，$\underline{A}(x)[\underline{B}(x) + \underline{C}(x)] \neq \underline{A}(x)\underline{B}(x) + \underline{A}(x)\underline{C}(x)$，它们的阶数不等。

4.5　清晰有理数的除法及运算性质

4.5.1　清晰有理数的除法

对清晰数的除法运算进行讨论时,要求除数不能为零,由于除数为零的情况比较复杂,这里暂不讨论。

【例 4-12】　某市预算拨款对本市一些困难家庭进行补助,需要对每户分到的拨款的数额进行评估,现请来两组专家分别对拨款的数额和可能获得补助的困难家庭的数目进行评估,专家组 $\mu_{20}=\{a_1,a_2,a_3\}$ 估计可以拨款的数额为 20 万,其中两位专家表示赞成,一位没有表态,赞成者具体构成集 $\Delta\mu_{20}=\{a_1,a_3\}$,专家组 $\mu_{200}=\{b_1,b_2,b_3,b_4\}$ 估计可以获得补助的困难用户有 200 户,其中三位专家表示赞成,一位没有表态,赞成者具体构成集 $\Delta\mu_{200}=\{b_1,b_2,b_3\}$,请根据两组专家的意见,分析一下该市平均每户困难家庭可能获得的补助金有多少?

这是一个关于清晰数的除法运算的问题。根据两个组专家的分析,该市可以拨款的数额为 20 万,可以获得补助的困难用户有 200 户,那么平均每个困难家庭可以得到的补助金为 $20\div200=0.1$ 万,但是由于专家表态不一致,这个 0.1 的隶属度应该是多少呢? 同理,这个 0.1 的 $\mu_{0.1}$、$\Delta\mu_{0.1}$、$P(\Delta\mu_{0.1})$ 又分别是多少呢?

我们知道 $\mu_{0.1}$ 一定和 μ_{20}、μ_{200} 有关,因此可以令

$$\mu_{0.1}=\mu_{20}\times\mu_{200}=$$

$$\{(a_1,b_1)(a_1,b_2)(a_1,b_3)(a_1,b_4)(a_2,b_1)(a_2,b_2)$$

(a_2,b_3) (a_2,b_4) (a_3,b_1) (a_3,b_2) (a_3,b_3) $(a_3,b_4)\}$。

这是原专家组 μ_{20} 和 μ_{200} 的专家所组成的一组序对 (a_i,b_j)，其中序对的个数满足关系 $|\mu_{0.1}|=|\mu_{20}||\mu_{200}|$，我们可以把这些序对看成一个新的专家组，而这个新的专家组对 0.1 的表态情况又会是怎样的呢？显然，只有当 $a_i \in \Delta\mu_{20}$，$b_j \in \Delta\mu_{200}$ 时才行，于是

$$\Delta\mu_{0.1} = \{(a_i\,b_j)\ |\ a_i \in \Delta\mu_{20}\ b_j \in \Delta\mu_{200}\},$$

从而 $|\Delta\mu_{0.1}|=|\Delta\mu_{20}||\Delta\mu_{200}|$，故得

$$P(\Delta\mu_{0.1}) = \frac{|\Delta\mu_{0.1}|}{|\mu_{0.1}|} = \frac{|\Delta\mu_{20}|}{|\mu_{20}|}\frac{|\Delta\mu_{200}|}{|\mu_{200}|}$$

$$= \frac{|\Delta\mu_{20}|}{|\mu_{20}|} \cdot \frac{|\Delta\mu_{200}|}{|\mu_{200}|} = \frac{2}{3} \times \frac{3}{4} = \frac{6}{12}$$

于是可得，该市平均每个困难家庭可以得到的补助金为：

$$\underline{A}(x) = \begin{cases} \dfrac{2}{3}, x=20 \\ \\ 0, x \overline{\in} \{20\} \text{ 且 } x \in R \end{cases}$$

与

$$\underline{B}(x) = \begin{cases} \dfrac{3}{4}, x=200 \\ \\ 0, x \overline{\in} \{200\} \text{ 且 } x \in R \end{cases}$$

之商：即

$$\underline{C}(x) = \underline{A}(x) \div \underline{B}(x)$$

$$= \begin{cases} \dfrac{6}{12} = \dfrac{2}{3} \times \dfrac{3}{4}, x = 0.1 \\[2mm] 0, x \overline{\in} \{0.1\} \text{且} x \in R \end{cases}$$

显然,从这个简单的事例中,我们既可以找出 $\mu_{0.1}$、$\Delta\mu_{0.1}$,又可以找出关系 $P(\Delta\mu_{0.1}) = P(\Delta\mu_{20}) \times P(\Delta\mu_{200})$。

由以上实例可以给出清晰数的除法运算的定义。

除法法则定义如下。

定义 4-22　设清晰有理数

$$\underline{A}(x) = \begin{cases} \underline{A}(x_1), x = x_1 \\[1mm] \underline{A}(x_2), x = x_2 \\[1mm] \vdots \\[1mm] \underline{A}(x_n), x = x_n \\[1mm] 0, x \overline{\in} \{x_1, x_2, \cdots, x_n\} \text{且} x \in R \end{cases}$$

$$\underline{B}(x) = \begin{cases} \underline{B}(y_1), x = y_1 \\[1mm] \underline{B}(y_2), x = y_2 \\[1mm] \vdots \\[1mm] \underline{B}(y_m), x = y_m \\[1mm] 0, x \overline{\in} \{y_1, y_2, \cdots, y_m\} \text{且} x \in R \end{cases}$$

表 4-7 称为 $\underline{A}(x)$ 与 $\underline{B}(x)$ 的可能值带边商矩阵,实数列 x_1 $x_2 \cdots x_n$ 和 y_1 $y_2 \cdots y_m$ 分别称为 $\underline{A}(x)$ 和 $\underline{B}(x)$ 的可能值序列,且分别称为带边商矩阵的纵边和横边,互相垂直的两条直线分

别称为带边商矩阵的纵轴和横轴。

表 4-7　可能值带边商矩阵

x_1	$x_1 \div y_1$	$x_1 \div y_2$	$\cdots$	$x_1 \div y_j$	$\cdots$	$x_1 \div y_m$
x_2	$x_2 \div y_1$	$x_2 \div y_2$	$\cdots$	$x_2 \div y_j$	$\cdots$	$x_2 \div y_m$
$\vdots$	$\vdots$	$\vdots$		$\vdots$		
x_i	$x_i \div y_1$	$x_i \div y_2$	$\cdots$	$x_i \div y_j$	$\cdots$	$x_i \div y_m$
$\vdots$	$\vdots$	$\vdots$		$\vdots$	$\vdots$	$\vdots$
x_n	$x_n \div y_1$	$x_n \div y_2$	$\cdots$	$x_n \div y_j$	$\cdots$	$x_n \div y_m$
$\div$	y_1	y_2	$\cdots$	y_j	$\cdots$	y_m

定义 4-23　表 4-8 称为 $\underline{A}(x)$ 与 $\underline{B}(x)$ 的隶属度带边积矩阵。

$\underline{A}(x_1), \underline{A}(x_2), \cdots, \underline{A}(x)$ 和 $\underline{B}(y_1), \underline{B}(y_2), \cdots, \underline{B}(y_m)$ 分别称为 $\underline{A}(x)$ 和 $\underline{B}(x)$ 的隶属度序列,且分别称为隶属度带边积矩阵的纵边和横边,互相垂直的两条直线分别叫做带边积矩阵的纵轴和横轴。

表 4-8　隶属度带边积矩阵

$\underline{A}(x_1)$	$\underline{A}(x_1)\underline{B}(y_1)$	$\underline{A}(x_1)\underline{B}(y_2)$	$\cdots$	$\underline{A}(x_1)\underline{B}(y_j)$	$\cdots$	$\underline{A}(x_1)\underline{B}(y_m)$
$\underline{A}(x_2)$	$\underline{A}(x_2)\underline{B}(y_1)$	$\underline{A}(x_2)\underline{B}(y_2)$	$\cdots$	$\underline{A}(x_2)\underline{B}(y_j)$	$\cdots$	$\underline{A}(x_2)\underline{B}(y_m)$
$\vdots$	$\vdots$	$\vdots$		$\vdots$		$\vdots$
$\underline{A}(x_i)$	$\underline{A}(x_i)\underline{B}(y_1)$	$\underline{A}(x_i)\underline{B}(y_2)$	$\cdots$	$\underline{A}(x_i)\underline{B}(y_j)$	$\cdots$	$\underline{A}(x_i)\underline{B}(y_m)$
$\vdots$	$\vdots$	$\vdots$		$\vdots$	$\vdots$	$\vdots$
$\underline{A}(x_n)$	$\underline{A}(x_n)\underline{B}(y_1)$	$\underline{A}(x_n)\underline{B}(y_2)$	$\cdots$	$\underline{A}(x_n)\underline{B}(y_j)$	$\cdots$	$\underline{A}(x_n)\underline{B}(y_m)$
$\times$	$\underline{B}(y_1)$	$\underline{B}(y_2)$		$\underline{B}(y_j)$	$\cdots$	$\underline{B}(y_m)$

　　定义 4 - 24　$\underline{A}(x)$ 与 $\underline{B}(x)$ 可能值带边商矩阵中右上方数字组成的矩阵

$$\begin{pmatrix} a_{11} & a_{12} & \cdots & a_{1m} \\ \vdots & \vdots & & \vdots \\ a_{i1} & a_{i2} & \cdots & a_{im} \\ \vdots & \vdots & & \vdots \\ a_{n1} & a_{n2} & \cdots & a_{nm} \end{pmatrix}$$

称为 $\underline{A}(x)$ 与 $\underline{B}(x)$ 的可能值商矩阵。

　　定义 4 - 25　$\underline{A}(x)$ 与 $\underline{B}(x)$ 隶属度带边积矩阵中右上方数字组成的矩阵

$$\begin{pmatrix} b_{11} & b_{12} & \cdots & b_{1m} \\ \vdots & \vdots & & \vdots \\ b_{i1} & b_{i2} & \cdots & b_{im} \\ \vdots & \vdots & & \vdots \\ b_{n1} & b_{n2} & \cdots & b_{nm} \end{pmatrix}$$

称为 $\underline{A}(x)$ 与 $\underline{B}(x)$ 的隶属度积矩阵。

　　定义 4 - 26　$\underline{A}(x)$ 与 $\underline{B}(x)$ 可能值商矩阵中第 i 行第 j 列元素 a_{ij} 与它们隶属度积矩阵中第 i 行第 j 列元素 b_{ij} 称为相应元素。

　　定义 4 - 27　将 $\underline{A}(x)$ 与 $\underline{B}(x)$ 的可能值商矩阵中元素排成一列, $\bar{x}_1 \bar{x}_2 \cdots \bar{x}_l$, $\underline{A}(x)$ 与 $\underline{B}(x)$ 隶属度积矩阵中 $\bar{x}_i (i = 1\ 2\ \cdots l)$ 的相应元素排一列:

$C(\overline{x}_1), C(\overline{x}_2), \cdots, C(\overline{x}_l)$，则称清晰数

$$C(x) = \begin{cases} C(\overline{x}_1), x = \overline{x}_1 \\ C(\overline{x}_2), x = \overline{x}_2 \\ \cdots\cdots \\ C(\overline{x}_l), x = \overline{x}_l \\ 0, x \overline{\in} \{\overline{x}_1, \overline{x}_2, \cdots, \overline{x}_l\} \text{ 且 } x \in R \end{cases}$$

为 $A(x)$ 与 $B(x)$ 之商，记作

$$C(x) = A(x) \div B(x)。$$

【**例 4 – 13**】　设清晰数

$$A(x) = \begin{cases} \dfrac{1}{3}, x = 2 \\ \dfrac{1}{3}, x = 4 \\ 0, x \overline{\in} \{24\} \text{ 且 } x \in R \end{cases}$$

$$B(x) = \begin{cases} \dfrac{1}{6}, x = 2 \\ \dfrac{2}{3}, x = 1 \\ 0, x \overline{\in} \{12\} \text{ 且 } x \in R \end{cases}$$

求 $A(x) \div B(x)$。

解：$A(x)$ 与 $B(x)$ 的可能值带边商矩阵为

2	1	2
4	2	4
$\div$	2	1

$\underline{A}(x)$ 与 $\underline{B}(x)$ 的隶属度带边积矩阵为

$$
\begin{array}{c|cc}
\dfrac{1}{3} & \dfrac{1}{18} & \dfrac{2}{9} \\[3mm]
\dfrac{1}{3} & \dfrac{1}{18} & \dfrac{2}{9} \\[3mm]
\hline
\times & \dfrac{1}{6} & \dfrac{2}{3}
\end{array}
$$

将 $\underline{A}(x)$ 与 $\underline{B}(x)$ 可能值商矩阵的元素排成一列：

$$1,2,2,4$$

将 $\underline{A}(x)$ 与 $\underline{B}(x)$ 的隶属度积矩阵中与其可能值商矩阵中的相应元素排成一列

$$\underline{C}(1)=\frac{1}{18},\underline{C}(2)=\frac{1}{18},\underline{C}(2)=\frac{2}{9},\underline{C}(4)=\frac{2}{9}$$

所以，

$$
\underline{C}(x)=\underline{A}(x)\div\underline{B}(x)=
\begin{cases}
\dfrac{1}{18}, & x=1 \\[3mm]
\dfrac{1}{18}, & x=2 \\[3mm]
\dfrac{2}{9}, & x=2 \\[3mm]
\dfrac{2}{9}, & x=4 \\[3mm]
0, & x\overline{\in}\{1,2\ 4\}\text{且}x\in R
\end{cases}
$$

4.5.2   清晰有理数除法的运算性质

定义 4 - 28   已知 n 阶清晰有理数 $\underline{A}(x)$，则称清晰有理数 $\dfrac{1}{\underline{A}(x)}$ 为清晰有理数 $\underline{A}(x)$ 的倒数，记作 $\dfrac{1}{\underline{A}(x)}$，其中 $\underline{A}(x)$ 和 $\dfrac{1}{\underline{A}(x)}$ 可以表示为

$$\underline{A}(x) = \begin{cases} \underline{A}(x_1), x = x_1 \\ \underline{A}(x_2), x = x_2 \\ \vdots \\ \underline{A}(x_n), x = x_n \\ 0, x \overline{\in} \{x_1, x_2, \cdots, x_n\} \text{ 且 } x \in R \end{cases}$$

$$\frac{1}{\underline{A}(x)} = \begin{cases} \underline{A}(x_1), x = \dfrac{1}{x_1} \\ \underline{A}(x_2), x = \dfrac{1}{x_2} \\ \vdots \\ \underline{A}(x_n), x = \dfrac{1}{x_n} \\ 0, x \overline{\in} \left\{\dfrac{1}{x_1}, \dfrac{1}{x_2}, \cdots, \dfrac{1}{x_n}\right\} \text{ 且 } x \in R \end{cases}$$

我们知道实数是清晰有理数的特例，实数可以表示成清晰有理数的形式，所以可以说清晰有理数的倒数是实数中倒数的推广，实数中的倒数是清晰有理数的倒数的特例。例如，在实数

范围内 3 和 $\dfrac{1}{3}$ 互为相反数，在清晰数学范围内，$\underline{A}(x)$ 和 $\dfrac{1}{\underline{A}(x)}$ 互

为倒数。

定理 4-3　清晰有理数 $\underline{A}(x)$ 与 $\underline{B}(x)$ 的商等于清晰有理

数 $\underline{A}(x)$ 乘以清晰有理数 $\underline{B}(x)$ 的倒数 $\dfrac{1}{\underline{B}(x)}$，即

$$\underline{A}(x) \div \underline{B}(x) = \underline{A}(x) \times \frac{1}{\underline{B}(x)}。$$

证明　设 $\underline{A}(x)$ 为 n 阶清晰有理数，$\underline{B}(x)$ 为 m 阶清晰有理数，

$\dfrac{1}{\underline{B}(x)}$ 为 $\underline{B}(x)$ 的倒数，可以表示为

$$\underline{A}(x) = \begin{cases} \underline{A}(x_1), & x = x_1 \\ \underline{A}(x_2), & x = x_2 \\ \vdots \\ \underline{A}(x_n), & x = x_n \\ 0, & x \overline{\in} \{x_1, x_2, \cdots, x_n\} \text{ 且 } x \in R \end{cases}$$

$$\underline{B}(x) = \begin{cases} \underline{B}(y_1), & x = y_1 \\ \underline{B}(y_2), & x = y_2 \\ \vdots \\ \underline{B}(y_m), & x = y_m \\ 0, & x \overline{\in} \{y_1, y_2, \cdots, y_m\} \text{ 且 } x \in R \end{cases}$$

$$\frac{1}{\underline{B}(x)} = \begin{cases} \underline{B}(y_1), x = \dfrac{1}{y_1} \\[2ex] \underline{B}(y_2), x = \dfrac{1}{y_2} \\[2ex] \vdots \\[2ex] \underline{B}(y_m), x = \dfrac{1}{y_m} \\[2ex] 0, x \overline{\in} \left\{ \dfrac{1}{y_1}, \dfrac{1}{y_2}, \cdots, \dfrac{1}{y_m} \right\} \text{且} x \in R \end{cases}$$

因为清晰有理数 $\underline{A}(x)$ 与 $\underline{B}(x)$ 的可能值商矩阵中的元素为 $x_i \div y_j$，且 $x_i \div y_j$ 在 $\underline{A}(x)$ 与 $\underline{B}(x)$ 的隶属度积矩阵中的相应元素为 $A_{(x_i)} \times B_{(y_j)}(i=1,2,\cdots,n, j=1,2,\cdots,m)$。

清晰有理数 $\underline{A}(x)$ 与 $\dfrac{1}{\underline{B}(x)}$ 的可能值积矩阵中的元素为 $x_i \times \dfrac{1}{y_j}$，且 $x_i \times \dfrac{1}{y_j}$ 在 $\underline{A}(x)$ 与 $\dfrac{1}{\underline{B}(x)}$ 的隶属度积矩阵中的相应元素为 $A_{(x_i)} \times B_{(y_j)}(i=1,2,\cdots,n, j=1,2,\cdots,m)$。

又因为 $x_i \div y_j = x_i \times \dfrac{1}{y_j}$，$A_{(x_i)} \times B_{(y_j)} = A_{(x_i)} \times B_{(y_j)}$，

所以得：

$$\underline{A}(x) \div \underline{B}(x) = \underline{A}(x) \times \frac{1}{\underline{B}(x)}$$

说明：

（1）利用清晰有理数的倒数可以把清晰有理数的除法运算转化为清晰有理数的乘法运算。

（2）在实数范围内，互为倒数的两个实数之积为 1，例如：18

$\times \dfrac{1}{18} = 1$，但在清晰有理数范围中，互为倒数的两个清晰有理数之积却不一定为实数 1。即使是相等的两个清晰有理数的商也不一定是实数 1，即 $\underline{A}(x) = \underline{B}(x)$ 不能推出 $\underline{A}(x) \div \underline{B}(x) = 1$，也说明清晰有理数的运算法则中一般不满足移项法则。

定理 4 - 4　清晰有理数 $\underline{A}(x)$、$\underline{B}(x)$、$\underline{C}(x)$ 的除法满足关系，

$$\underline{A}(x) \div \underline{B}(x) \div \underline{C}(x) = \underline{A}(x) \div (\underline{B}(x) \times \underline{C}(x))。$$

证明　设 $\underline{A}(x)$ 为 n 阶清晰有理数，$B(x)$ 为 m 阶清晰有理数，$\underline{C}(x)$ 为 k 阶清晰有理数，可以表示为

$$\underline{A}(x) = \begin{cases} \underline{A}(x_1), x = x_1 \\ \underline{A}(x_2), x = x_2 \\ \vdots \\ \underline{A}(x_n), x = x_n \\ 0, x \overline{\in} \{x_1, x_2, \cdots, x_n\} \text{ 且 } x \in R \end{cases}$$

$$\underline{B}(x) = \begin{cases} \underline{B}(y_1), x = y_1 \\ \underline{B}(y_2), x = y_2 \\ \vdots \\ \underline{B}(y_m), x = y_m \\ 0, x \overline{\in} \{y_1, y_2, \cdots, y_m\} \text{ 且 } x \in R \end{cases}$$

$$\underline{C}(x) = \begin{cases} \underline{C}(z_1), x = z_1 \\ \underline{C}(z_2), x = z_2 \\ \vdots \\ \underline{C}(z_k), x = z_k \\ 0, x \overline{\in} \{z_1, z_2, \cdots, z_k\} \text{ 且 } x \in R \end{cases}$$

因为清晰有理数 $\underline{A}(x)$ 与 $\underline{B}(x)$ 的可能值商矩阵中的元素为 $x_i \div y_j$，且 $x_i \div y_j$ 在 $\underline{A}(x)$ 与 $\underline{B}(x)$ 的隶属度积矩阵中的相应元素为 $A_{(x_i)} \times B_{(y_j)} (i = 1, 2, \cdots, n, j = 1, 2, \cdots, m)$；$(\underline{A}(x) \div \underline{B}(x))$ 与 $\underline{C}(x)$ 的可能值商矩阵中的元素为 $x_i \div y_j \div z_l$，且 $x_i \div y_j \div z_l$ 在 $(\underline{A}(x) \div \underline{B}(x))$ 与 $\underline{C}(x)$ 的隶属度积矩阵中的相应元素为 $A_{(x_i)} \times B_{(y_j)} \times C_{(z_l)} (i = 1, 2, \cdots, n, j = 1, 2, \cdots, m, l = 1, 2, \cdots, k)$。

清晰有理数 $\underline{B}(x)$ 与 $\underline{C}(x)$ 的可能值积矩阵中的元素为 $y_j \times z_l$，且 $y_j \times z_l$ 在 $\underline{B}(x)$ 与 $\underline{C}(x)$ 的隶属度积矩阵中的相应元素为 $B_{(y_j)} \times C_{(z_l)} (j = 1, 2, \cdots, m, l = 1, 2, \cdots, k)$；$\underline{A}(x)$ 与 $(\underline{B}(x) \times \underline{C}(x))$ 的可能值商矩阵中的元素为 $x_i \div (y_j \times z_l)$，且 $x_i \div (y_j \times z_l)$ 在 $\underline{A}(x)$ 与 $(\underline{B}(x) \times \underline{C}(x))$ 的隶属度积矩阵中的相应元素为 $A_{(x_i)} \times (B_{(y_j)} \times C_{(z_l)}) (i = 1, 2, \cdots, n, j = 1, 2, \cdots, m, l = 1, 2, \cdots, k)$。

又因为 $x_i \div y_j \div z_l = x_i \div (y_j \times z_l)$，

$$A_{(x_i)} \times B_{(y_j)} \times C_{(z_l)} = A_{(x_i)} \times (B_{(y_j)} \times C_{(z_l)}),$$

所以由清晰有理数乘法和除法运算的定义得：

$$\underline{A}(x) \div \underline{B}(x) \div \underline{C}(x) = \underline{A}(x) \div (\underline{B}(x) \times \underline{C}(x))$$

第5章

清晰综合评判

模糊集理论应用的三个主要方面:即模糊聚类分析、模糊模型识别和模糊综合评判。本章着重证明模糊综合评判的有关评判方法是错误的,这些方法经常出现在有关论文中,作者和读者却不知道方法是错误的结论也是不对的。

现实生活中,由于反映事物具有多因素性,经常遇到对事物做出综合评判的问题。例如,采购一件商品,一般说来采购者要从价格、性能、式样诸因素来综合评价各种牌子的产品,最后权衡各因素选定某种比较满意的商品。这就是综合评判问题。

5.1 模糊综合评判错得和 $1+2=5$ 类同

【例 5-1】 服装的综合评判:

设因素集 $U = \{$花色式样 u_1,耐穿程度 u_2,价格费用 $u_3\}$,评语集 $V = \{$很欢迎 v_1,较欢迎 v_2,不太欢迎 v_3,不欢迎 $v_4\}$。

请顾客填写如下调查表(见表 5-1)。

表 5-1 服装情况调查表

因素 \ 评语	很欢迎 v_1	较欢迎 v_2	不太欢迎 v_3	不欢迎 v_4
花色式样 u_1				
耐穿程度 u_2				
价格费用 u_3				

若某顾客对 u_i 的评语为 v_j，则在表 5-1 中 u_i 与 v_j 相交叉的方格上写上"1"，其余的部分也如此填写。

设对 u_1，有 20% 的顾客表示"很欢迎"，70% 的顾客表示"较欢迎"，10% 的顾客表示"不太欢迎"，没有人表示"不欢迎"，则 u_1 的单因素评判向量为

$$R_1 = (0.2, 0.7, 0.1, 0)。$$

同理对 u_2、u_3 分别作单因素评判，设分别得到

$$R_1 = (0, 0.4, 0.5, 0.1)，$$

$$R_1 = (0.2, 0.3, 0.4, 0.1)。$$

于是单因素评判矩阵为

$$R = \begin{bmatrix} 0.2 & 0.7 & 0.1 & 0 \\ 0 & 0.4 & 0.5 & 0.1 \\ 0.2 & 0.3 & 0.4 & 0.1 \end{bmatrix}$$

不同的顾客由于职业、性别、年龄、爱好、经济条件等不同，对服装的三个因素所赋予的权重也不同。设某类顾客对花色样式赋予权数为 0.2，对耐穿程度赋予权数为 0.5，对价格费用赋予权数为 0.3，这时，$A = (0.2, 0.5, 0.3)$。

因而，当"。"取为"·，+"时，

$$B = A \circ R = (0.2, 0.5, 0.3) \circ \begin{bmatrix} 0.2 & 0.7 & 0.1 & 0 \\ 0 & 0.4 & 0.5 & 0.1 \\ 0.2 & 0.3 & 0.4 & 0.1 \end{bmatrix}$$

$$= (0.1, 0.43, 0.39, 0.08)$$

即对持权重向量为 A 的一类顾客对这种服装的综合评判结果。

在这里指出,不论单因素评判向量和单因素评判矩阵以及综合评判结果 $B = (0.1, 0.43, 0.39, 0.08)$ 都有一个共同点:单因素评判向量各分量之和、单因素评判矩阵各行的所有数字之和,评判结果这个向量 B 各个分量分量之和都等于 1,这个 1 是什么意思呢? 实指参加评判的人都表了态,而且只对评语集中一个表示认同。例如参加人数为 100,设对 u_1 有 20% 的顾客表示"很欢迎",那么一定有 20 个人对 u_1 很欢迎,而且对其他评语不认同,而且对各个评语认同的人数加起来一定为 100。若某评判向量 $(0.2, 0.3, 0.4, 0)$,各分量之和 $0.2 + 0.3 + 0.4 + 0 = 0.9 < 1$,说明有 10% 人没表态,这就不能称之为 100 人的评判了。若某评判向量 $(0.5, 0.3, 0.1, 0.2)$,之和 $0.5 + 0.3 + 0.1 + 0.2 = 1.1 > 1$,说明 100 人中其中有人不是仅一种表态认可,而有对多于一种评语同时认可,这后两种都不是人们所考虑的评判,因此,给出如下定义。

定义 5-1　设矩阵

$$R = \begin{bmatrix} r_{11} & r_{12} & \cdots & r_{1m} \\ r_{21} & r_{22} & \cdots & r_{2m} \\ r_{n1} & r_{n2} & \cdots & r_{nm} \end{bmatrix}_{n \times m}$$

满足:　$(1) 1 \geqslant r_{ij} \geqslant 0$

$$(2) \sum_{j=1}^{m} r_{ij} = 1$$

则称 R 为单因素评判矩阵,简称评判矩阵。当 $n=1$ 时评判矩阵 $R=[r_{11},r_{12},\cdots,r_{1m}]$ 也叫单因素评判向量,也可表示为 $(r_{11},r_{12},\cdots,r_{1m})$,且称为一个综合评判。

【例 5-2】 设 $R=(0.2,0.3,0.5)$,则因 $0.2+0.3+0.5=1$,所以按定义 R 是一个综合评判。

【例 5-3】 设 $R=(0.5,0.3,0.1)$,则因 $0.5+0.3+0.1=0.9<1$,所以 R 不是综合评判。

【例 5-4】 设 $R=(0.6,0,0.5)$,则因 $0.6+0+0.5=1.1>1$,所以 R 不是综合评判。

定理 5-1 设 $A=(\alpha_1,\alpha_2,\cdots,\alpha_n)$ 是权重向量,

$$R = \begin{bmatrix} r_{11} & r_{12} & \cdots & r_{1m} \\ \cdots & \cdots & \cdots & \cdots \\ r_{n1} & r_{n2} & \cdots & r_{nm} \end{bmatrix}$$

是单因素评判矩阵。

$$B = A \circ R = [b_1,b_2,\cdots,b_m]$$

为加权平均所得的评判,则:

$$\sum_{i=1}^{m} b_i = 1$$

证明 因为 $b_1 = \alpha_1 r_{11} + \alpha_2 r_{21} + \cdots + \alpha_n r_{n1}$

$$b_2 = \alpha_1 r_{12} + \alpha_2 r_{22} + \cdots + \alpha_n r_{n2}$$

$$\vdots$$

$$b_m = \alpha_1 r_{1m} + \alpha_2 r_{2m} + \cdots + \alpha_n r_{nm}$$

所以 $b_1 + b_2 + \cdots + b_m = \alpha_1 (r_{11} + r_{12} + \cdots + r_{1m}) + \alpha_2 (r_{21} + r_{22} + \cdots$

$+ r_{2m}) + \cdots + \alpha_n (r_{n1} + r_{n2} + \cdots + r_{nm}) = \alpha_1 + \alpha_2 + \cdots + \alpha_n = 1$

即：
$$\sum_{i=1}^{m} b_i = 1$$

定理 5-2　若 R_1 和 R_2 都是单因素评判矩阵，则 R_1 与 R_2 的矩阵积 $R_1 \cdot R_2$ 也是单因素评判矩阵。

证明略。

【例 5-5】　举例分析：

建筑结构中某一部件，要以样式、结构可靠度、价格三个方面评判其可用性。请两位专家填写下表。

评语 分数 因素	可用 [60,100]	不可用 [0,60]
样式 A_1	1	0
可靠度 A_2	0	1
价格 A_3	0	1

设专家认定因为可靠度和价格最重要，而样式无所为，于是它们的权重设为 $\frac{1}{2}$、$\frac{1}{2}$、0，于是，按照模糊综合评判中的"。"取"$\vee - \wedge$"和取"$\cdot , +$"其评判结果：

$$B = A \circ R = \left(0, \frac{1}{2}, \frac{1}{2}\right) \circ \begin{pmatrix} 1 & 0 \\ 0 & 1 \\ 0 & 1 \end{pmatrix} = \left(0, \frac{1}{2}\right)$$

B 说明，这个部件属于可用的程度是 0，即不可用。但它属于不

可用的程度为 $\frac{1}{2}$，即半不可用。但既然不可用，就应该是属于不

可用的程度不是 $\frac{1}{2}$ 而应该是 1，可见模糊综合评判在这里出现

不可理解。若再"。"取"·，+"，则得：

$$B' = A \circ R = (0, \frac{1}{2}, \frac{1}{2}) \circ \begin{vmatrix} 1 & 0 \\ 0 & 1 \\ 0 & 1 \end{vmatrix} = (0, 1)$$

B' 说明综合二位专家的意见，这个部件属于可用的程度为

0，即不可用，属于不可用的程度为 1，即百分之百不可用。

在例 5-1 的服装的综合评判中，实际上用的是经典的加权

平均法，在那里只要给出权重向量 $A = (0.2, 0.5, 0.3)$，则求的

B 一定得是取"。"为"·，+"：

$$B = A \circ R = (0.2, 0.5, 0.3) \circ \begin{bmatrix} 0.2 & 0.7 & 0.1 & 0 \\ 0 & 0.4 & 0.5 & 0.1 \\ 0.2 & 0.3 & 0.4 & 0.1 \end{bmatrix}$$

$$= (0.1, 0.43, 0.39, 0.08)$$

若取"。"为"∨，∧"或其他任何模糊关系矩阵的合成公式都是

不合情理的，这就像一个人自己说要去东，但走向西一样不合情

理。所以，凡是在给权重向量 A 时，那就意味着算"。"一定是

"·，+"，再也不能是别的什么。那么为什么在模糊综合评判中

会出现那么多种方法呢？当初提出者 L. A. Zadeh 把权重向量

A 理解为一个模糊关系矩阵，而 R 也理解为模糊关系矩阵，于是

把 $A \circ R$ 理解为模糊关系的合成，把他所想的模糊关系矩阵的合

成公式都搬了进来，就出现了那么多模糊综合评判方法。当

2006 年证明了：

$$(R_1 \circ R_2)(x,z) \underset{\underset{=}{=}}{\Delta} \underset{y \in Y}{s} t\big(R_1(x,y), R_2(y,z)\big)$$

其中 s 表示任一 $s-$ 范数，t 表示任一 $t-$ 范数，也不是总可信时，那么模糊综合评判中的那么多 $s-t$ 式的公式也就更应该都被否定了，而唯有"·，+"应该保留，而"·，+"不是 $s-t$ 形的合成公式，因为 s 取为"+"时，则 $s(1,1)=1 \neq +(1,1)=1+1=2$，从这里看出，模糊综合评判中出现的那么多 $s-t$ 形公式都应否定，唯一加权平均公式"·，+"不是 $s-t$ 式的应当保留。不幸中的大幸是模糊数学能把"·，+"保留下来，否则模糊综合评判成了什么样子。

5.2　清晰数的可信度、均值

5.2.1　清晰有理数可信度的概念

定义 5-2　清晰有理数

$$A(x) = \begin{cases} A(x_1), x = x_1 \\ A(x_2), x = x_2 \\ \vdots \\ A(x_n), x = x_n \\ 0, x \overline{\in} \{x_1, x_2, \cdots, x_n\} \text{且} x \in R \end{cases}$$

$D \in R$，则 $A(x)$ 大于等于实数 D 的可信度

$$P(\underline{A}(x) \geqslant D) = \sum_{j(x_j \geqslant D)} \underline{A}(x_j) / \sum_{i=1}^{n} \underline{A}(x_i)$$

【例 5-6】 已知清晰数

$$\underline{C}(x) = \begin{cases} \dfrac{8}{17}, x = -1 \\[2mm] \dfrac{9}{17}, x = 1 \\[2mm] 0, x \overline{\in} \{-1, 1\} \text{ 且 } x \in R \end{cases}$$

求 $\underline{C}(x) \geqslant 0$ 的可信度。

解：$P(\underline{C}(x) \geqslant 0) = \dfrac{9}{17} / (\dfrac{8}{17} + \dfrac{9}{17}) = \dfrac{9}{17} \div \dfrac{17}{17} = \dfrac{9}{17}$

关于 $P(\underline{A}(x)D)$、$P(\underline{A}(x) \leqslant D)$、$P(\underline{A}(x)D)$ 可类同给出。

定义 5-3 清晰有理数

$$\underline{A}(x) = \begin{cases} \underline{A}(x_1), x = x_1 \\ \underline{A}(x_2), x = x_2 \\ \vdots \\ \underline{A}(x_n), x = x_n \\ 0, x \overline{\in} \{x_1, x_2, \cdots, x_n\} \text{ 且 } x \in R \end{cases}$$

$D \in R$，则 $\underline{A}(x)$ 大于等于实数 D 的绝对可信度

$$\overline{p}(A(x) \geqslant D) = \sum_{j(x_j \geqslant D)} \underline{A} \overline{\quad} \frac{}{n}$$

定理 5-2 清晰有理数

$$A(x) = \begin{cases} A(x_1), x = x_1 \\ A(x_2), x = x_2 \\ \vdots \\ A(x_n), x = x_n \\ 0, x \overline{\in} \{x_1, x_2, \cdots, x_n\} \text{且} x \in R \end{cases}$$

$D \in R$，则 $p(A(x) \geqslant D) \geqslant \overline{P}(A(x) \geqslant D)$。

证明 因为 $A(x) \leqslant 1, (i = 1, 2, \cdots, n)$

所以 $p(A(x) \geqslant D) = \sum\limits_{j(x_j \geqslant D)} A(x_j) / \sum\limits_{i=1}^{n} A(x_i) \geqslant$

$$\sum_{j(x_j \geqslant D)} A(x_j) / \sum_{i=1}^{n} A(xi)$$

$$\times \frac{\sum\limits_{i=1}^{n} A(x_i)}{n}$$

$$= \sum_{j(x_j \geqslant D)} A(x_j) \frac{}{n} = \overline{p}(A(x) \geqslant D)$$

绝对可信度是就所有专家的态度说的。而可信度仅就表态赞成的专家的态度说的。应用中也有考虑绝对可信度的必要。

5.2.2 清晰有理数的均值

1. 清晰有理数的均值

定义 5 - 4 设 $A(x)$ 为 n 阶清晰有理数，可以表示为

$$A(x) = \begin{cases} \underline{A}(x_1), x = x_1 \\ \underline{A}(x_2), x = x_2 \\ \vdots \\ \underline{A}(x_n), x = x_n \\ 0, x \overline{\in} \{x_1, x_2, \cdots, x_n\} \text{ 且 } x \in R \end{cases}$$

称实数

$$E(\underline{A}(x)) = \frac{\sum\limits_{i=1}^{n} x_i \underline{A}(x_i)}{\sum\limits_{i=1}^{n} \underline{A}(x_i)} \qquad \text{为清晰有理数的均值。}$$

说明:

(1) 当 $\underline{A}(x_i) = 1 (i = 1, 2, \cdots, n,)$ 时,求清晰有理数 $\underline{A}(x)$ 的均值的过程就可以看作是实数求平均值的过程。 这时

$$\sum\limits_{i=1}^{n} \underline{A}(x_i) = 1 \times n = n, \sum\limits_{i=1}^{n} x_i \underline{A}(x_i) = \sum\limits_{i=1}^{n} x_i, E(\underline{A}(x)) = \frac{\sum\limits_{i=1}^{n} x_i}{n} (i$$

$= 1, 2, \cdots, n,)$。由此也可说明,实数的平均值是清晰有理数的均值的特例,清晰有理数的均值是实数平均值的推广。

(2) 当 $\sum\limits_{i=1}^{n} \underline{A}(x_i) = 1 (i = 1, 2, \cdots, n,)$ 时,清晰有理数 $\underline{A}(x)$ 可以看作为离散型随机变量的分布密度函数。根据概率论中期望的公式 $E(X) = \sum\limits_{k=1}^{n} x_k \times P_k$,可得期望为 $E(\underline{A}(x)) = \sum\limits_{i=1}^{n} x_i \times \underline{A}(x_i)$,这与当 $\sum\limits_{i=1}^{n} \underline{A}(x_i) = 1 (i = 1, 2, \cdots, n,)$ 时,清晰有理数 $\underline{A}(x)$ 的均值是相同的。在此意义下,也可以看出清晰有理数的

均值是概率论中期望的推广。

（3）为了便于实际工程中的应用，清晰数学中规定清晰有理数 $\underline{A}(x)$ 的均值为实数，这样便于在综合评比中应用时的数值比较。

【例 5-7】　设清晰有理数 $\underline{A}(x)$

$$\underline{A}(x) = \begin{cases} \dfrac{2}{3}, x=1 \\[2mm] \dfrac{3}{5}, x=2 \\[2mm] \dfrac{3}{4}, x=4 \\[2mm] \dfrac{5}{6}, x=5 \\[2mm] 0, x \overline{\in} \{1,2,4,5\} \text{ 且 } x \in R \end{cases}$$

求 $E(\underline{A}(x))$。

解： 根据清晰有理数的均值的定义可得

$$E(\underline{A}(x)) = \frac{\sum\limits_{i=1}^{n} x_i \underline{A}(x_i)}{\sum\limits_{i=1}^{n} \underline{A}(x_i)}$$

$$= \frac{1 \times \dfrac{2}{3} + 2 \times \dfrac{3}{5} + 4 \times \dfrac{3}{4} + 5 \times \dfrac{5}{6}}{\dfrac{2}{3} + \dfrac{3}{5} + \dfrac{3}{4} + \dfrac{5}{6}}$$

$$= 3.17$$

【例 5 - 8】　设清晰有理数 $\underline{A}(x)$

$$\underline{A}(x) = \begin{cases} \dfrac{1}{2}, x = 2 \\[2mm] \dfrac{1}{3}, x = 3 \\[2mm] \dfrac{1}{6}, x = 5 \\[2mm] 0, x \overline{\in} \{2,3,5\} \text{ 且 } x \in R \end{cases}$$

求 $E(\underline{A}(x))$。

解：根据清晰有理数的均值的定义可得

$$E(\underline{A}(x)) = \frac{\displaystyle\sum_{i=1}^{n} x_i \underline{A}(x_i)}{\displaystyle\sum_{i=1}^{n} \underline{A}(x_i)}$$

$$= \frac{2 \times \dfrac{1}{2} + 3 \times \dfrac{1}{3} + 5 \times \dfrac{1}{6}}{\dfrac{1}{2} + \dfrac{1}{3} + \dfrac{1}{6}}$$

$$= 2.83$$

2. 清晰有理数的均值的性质

性质 5 - 1　$E(\underline{A}(x) + \underline{B}(x)) = E(\underline{A}(x)) + E(\underline{B}(x))$。

证明　设 $\underline{A}(x)$ 为 n 阶清晰有理数，$\underline{B}(x)$ 为 m 阶清晰有理数

$$A(x) = \begin{cases} \underline{A}(x_1), x = x_1 \\ \underline{A}(x_2), x = x_2 \\ \vdots \\ \underline{A}(x_n), x = x_n \\ 0, x \overline{\in} \{x_1, x_2, \cdots, x_n\} \text{且} x \in R \end{cases}$$

$$B(x) = \begin{cases} \underline{B}(y_1), x = y_1 \\ \underline{B}(y_2), x = y_2 \\ \vdots \\ \underline{B}(y_m), x = y_m \\ 0, x \overline{\in} \{y_1, y_2, \cdots, y_m\} \text{且} x \in R \end{cases}$$

因为根据清晰有理数的加法运算法则,可得清晰有理数中的可能值为 $x_i + y_j, x_i + y_j$ 相应的隶属度为 $\underline{A}(x_i) \times \underline{B}(y_j)$。根据清晰有理数均值的定义得:

$$E(\underline{A}(x) + \underline{B}(x)) = \frac{\sum\limits_{j=1}^{m} \sum\limits_{i=1}^{n} \underline{A}(x_i)\underline{B}(y_j)(x_i + y_j)}{\sum\limits_{j=1}^{m} \sum\limits_{i=1}^{n} \underline{A}(x_i)\underline{B}(y_j)}$$

再根据清晰有理数均值的定义得:

$$E(\underline{A}(x)) = \frac{\sum\limits_{i=1}^{n} \underline{A}(x_i)x_i}{\sum\limits_{i=1}^{n} \underline{A}(x_i)}, E(\underline{B}(x)) = \frac{\sum\limits_{j=1}^{m} \underline{B}(y_j)y_j}{\sum\limits_{j=1}^{m} \underline{B}(y_j)}$$

$$E(\underline{A}(x)) + E(\underline{B}(x)) = \dfrac{\sum\limits_{i=1}^{n} \underline{A}(x_i) x_i}{\sum\limits_{i=1}^{n} \underline{A}(x_i)} + \dfrac{\sum\limits_{j=1}^{m} \underline{B}(y_j) y_j}{\sum\limits_{j=1}^{m} \underline{B}(y_j)}$$

$$= \dfrac{\sum\limits_{i=1}^{n} \underline{A}(x_i) x_i \sum\limits_{j=1}^{m} \underline{B}(y_j) + \sum\limits_{i=1}^{n} \underline{A}(x_i) \sum\limits_{j=1}^{m} \underline{B}(y_j) y_j}{\sum\limits_{i=1}^{n} \underline{A}(x_i) \sum\limits_{j=1}^{m} \underline{B}(y_j)}$$

$$= \dfrac{\sum\limits_{i=1}^{n} \sum\limits_{j=1}^{m} (\underline{A}(x_i) x_i \cdot \underline{B}(y_j) + \underline{A}(x_i) \underline{B}(y_j) y_j)}{\sum\limits_{j=1}^{m} \sum\limits_{i=1}^{n} \underline{A}(x_i) \underline{B}(y_j)}$$

$$= \dfrac{\sum\limits_{j=1}^{m} \sum\limits_{i=1}^{n} \underline{A}(x_i) \underline{B}(y_j)(x_i + y_j)}{\sum\limits_{j=1}^{m} \sum\limits_{i=1}^{n} \underline{A}(x_i) \underline{B}(y_j)}$$

又左边＝右边，所以

$$E(\underline{A}(x) + \underline{B}(x)) = E(\underline{A}(x)) + E(\underline{B}(x))。$$

性质 5 - 2　$E(\underline{A}(x) \underline{B}(x)) = E(\underline{A}(x)) E(\underline{B}(x))$

证明　设 $\underline{A}(x)$ 为 n 阶清晰有理数，$\underline{B}(x)$ 为 m 阶清晰有理数

$$\underline{A}(x) = \begin{cases} \underline{A}(x_1), x = x_1 \\ \underline{A}(x_2), x = x_2 \\ \vdots \\ \underline{A}(x_n), x = x_n \\ 0, x \overline{\in} \{x_1, x_2, \cdots, x_n\} \text{ 且 } x \in R \end{cases}$$

$$\underline{B}(x) = \begin{cases} \underline{B}(y_1), x = y_1 \\ \underline{B}(y_2), x = y_2 \\ \vdots \\ \underline{B}(y_m), x = y_m \\ 0, x \overline{\in} \{y_1, y_2, \cdots, y_m\} \text{ 且 } x \in R \end{cases}$$

因为根据清晰有理数乘法的运算法则可得 $\underline{A}(x) \times \underline{B}(x)$ 中的可能值为 $x_i \times y_j$，$x_i \times y_j$ 对应的隶属函数为 $\underline{A}(x_i) \times \underline{B}(y_j)$，根据清晰有理数的均值定义可得

$$E(\underline{A}(x) \cdot \underline{B}(x)) = \frac{\sum_{j=1}^{m} \sum_{i=1}^{n} \underline{A}(x_i) \cdot \underline{B}(y_j) x_i \cdot y_j}{\sum_{j=1}^{m} \sum_{i=1}^{n} \underline{A}(x_i) \underline{B}(y_j)}$$

根据清晰有理数的均值定义可得

$$E(\underline{A}(x)) = \frac{\sum_{i=1}^{n} \underline{A}(x_i) x_i}{\sum_{i=1}^{n} \underline{A}(x_i)}, E(\underline{B}(x)) = \frac{\sum_{j=1}^{m} \underline{B}(y_j) y_j}{\sum_{j=1}^{m} \underline{B}(y_j)}$$

$$E(\underline{A}(x)) \times E(\underline{B}(x)) = \frac{\sum_{i=1}^{n} \underline{A}(x_i) \cdot x_i \cdot \sum_{j=1}^{m} \underline{B}(y_j) \cdot y_j}{\sum_{i=1}^{n} \underline{A}(x_i) \sum_{j=1}^{m} \underline{B}(y_j)}$$

$$= \frac{\sum_{j=1}^{m} \sum_{i=1}^{n} \underline{A}(x_i) \cdot \underline{B}(y_j) x_i \cdot y_j}{\sum_{j=1}^{m} \sum_{i=1}^{n} \underline{A}(x_i) \underline{B}(y_j)}$$

又因为左边 = 右边，所以

$$E(\underline{A}(x)\underline{B}(x)) = E(\underline{A}(x))E(\underline{B}(x))。$$

性质 5 - 3 $E(a\underline{A}(x)+b)=aE(\underline{A}(x))+b$。

证明 设 $\underline{A}(x)$ 为 n 阶清晰有理数,实数 a,b 可以表示成清晰有理数为

$$\underline{A}(x)=\begin{cases}\underline{A}(x_1),x=x_1\\[1mm]\underline{A}(x_2),x=x_2\\[1mm]\vdots\\[1mm]\underline{A}(x_n),x=x_n\\[1mm]0,x\overline{\in}\{x_1,x_2,\cdots,x_n\}\text{且}x\in R\end{cases}$$

$$a=\begin{cases}1,x=a\\[1mm]0,x\overline{\in}\{a\}\text{且}x\in R\end{cases}$$

$$b=\begin{cases}1,x=b\\[1mm]0,x\overline{\in}\{b\}\text{且}x\in R\end{cases}$$

根据清晰有理数乘法的运算法则可得

$$a\underline{A}(x)=\begin{cases}\underline{A}(x_1),x=ax_1\\[1mm]\underline{A}(x_2),x=ax_2\\[1mm]\vdots\\[1mm]\underline{A}(x_n),x=ax_n\\[1mm]0,x\overline{\in}\{ax_1,ax_2,\cdots,ax_n\}\text{且}x\in R\end{cases}$$

$$aA(x)+b=\begin{cases}\underline{A}(x_1),x=ax_1+b\\[4pt]\underline{A}(x_2),x=ax_2+b\\[4pt]\vdots\\[4pt]\underline{A}(x_n),x=ax_n+b\\[4pt]0,x\,\overline{\in}\,\{ax_1+b,ax_2+b,\cdots,ax_n+b\}\ \text{且}\ x\in R\end{cases}$$

$$E(a\underline{A}(x)+b)=\frac{\sum_{i=1}^{n}\underline{A}(x_i)(ax_i+b)}{\sum_{i=1}^{n}\underline{A}(x_i)}$$

根据清晰有理数的均值的定义可得

$$E(\underline{A}(x))=\frac{\sum_{i=1}^{n}\underline{A}(x_i)x_i}{\sum_{i=1}^{n}\underline{A}(x_i)}$$

$$aE(\underline{A}(x))+b=a\times\frac{\sum_{i=1}^{n}\underline{A}(x_i)x_i}{\sum_{i=1}^{n}\underline{A}(x_i)}+b$$

$$=\frac{a\times\sum_{i=1}^{n}\underline{A}(x_i)x_i+b\times\sum_{i=1}^{n}\underline{A}(x_i)}{\sum_{i=1}^{n}\underline{A}(x_i)}$$

$$=\frac{\sum_{i=1}^{n}(a\underline{A}(x_i)x_i+b\times\underline{A}(x_i))}{\sum_{i=1}^{n}\underline{A}(x_i)}$$

$$= \frac{\sum_{i=1}^{n} \underline{A}(x_i)(ax_i + b)}{\sum_{i=1}^{n} \underline{A}(x_i)}$$

又左边＝右边

所以 $E(a\underline{A}(x) + b) = aE(\underline{A}(x)) + b$。

5.3 清晰综合评判

无论是在工程实际中还是现实生活中,由于事物的多因素性,经常会遇到对事物进行综合评判的问题。例如在选购服装时,一般消费者主要从面料、样式和颜色等各因素,通过权衡各因素来评判某种品牌的服装,类似这样的问题就是清晰综合评判。

在本章第一节已经指出模糊综合评判的错误,现由一个实例得出清晰综合评判的运算过程提出清晰综合评判方法,如有不足之处请多指教。

【例 5-9】   在购买服装时,消费者主要从面料质量、花色样式和价格费用这三方面的因素,假设这三方面的因素在整体满意度中所占的权重分别为:30%,30% 和 40%。现欲对三方面的因素的满意度分别进行打分(设满意时的分数为 100 分),在对三方面的因素进行综合评判。

专家组的打分情况为;专家组 $\mu_{80} = \{a_1, a_2, a_3, a_4\}$ 对衣服面料的满意度打分为 80 分,其中三位专家表示赞成,一位没有表态,赞成者具体构成集 $\Delta\mu_{80} = \{a_1, a_2, a_3\}$;专家组 $\mu_{75} = \{b_1, b_2, b_3, b_4, b_5\}$ 对衣服颜色的满意度打分为 75 分,其中四位专家表示赞成,一位没有表态,赞成者具体构成集 $\Delta\mu_{75} = \{b_1, b_2, b_3, b_5\}$;专家组 $\mu_{90} = \{c_1, c_2, c_3, c_4, c_5\}$ 对衣服样式的满意度打分为 90 分,其中四位专家表示赞成,一位没有表态,赞成者具体构成集 $\Delta\mu_{90} = \{c_2, c_3, c_4, c_5\}$,专家组 $\mu'_{80} = \{d_1, d_2, d_3, d_4\}$ 对衣服样式的满意度打分为 80 分,其中三位专家表示赞成,一位没有表态,赞成者具体构成集 $\Delta\mu'_{80} = \{d_1, d_3, d_4\}$,于是可得论域(定义域)

$U = \{\mu_a / a \in R\}$,其中 $\mu_a = \varphi, a \in \overline{\{75, 80, 90\}}$ 取值范围在 $[0, 1]$ 中的函数。

根据专家组对三方面的打分情况,可以确定三个清晰有理数为:

对衣服面料的满意度打分情况:

$$\underline{B_1}(x) = \begin{cases} \dfrac{3}{4} = \dfrac{|\{a_1, a_2, a_3\}|}{|\{a_1, a_2, a_3, a_4\}|}, x = 80 \\[3mm] 0, x \in \overline{\{80\}} \text{ 且 } x \in R \end{cases}$$

对衣服颜色的满意度打分情况:

$$\underline{B_2}(x) = \begin{cases} \dfrac{4}{5} = \dfrac{|\{b_1, b_2, b_3, b_5\}|}{|\{b_1, b_2, b_3, b_4, b_5\}|}, x = 75 \\[3mm] 0, x \in \overline{\{75\}} \text{ 且 } x \in R \end{cases}$$

对衣服样式的满意度打分情况:

$$\underline{B_3}(x) = \begin{cases} \dfrac{4}{5} = \dfrac{|\{c_2, c_3, c_4, c_5\}|}{|\{c_1, c_2, c_3, c_4, c_5\}|}, x = 90 \\[3mm] \dfrac{3}{4} = \dfrac{|\{d_1, d_3, d_4\}|}{|\{d_1, d_2, d_3, d_4\}|}, x = 80 \\[3mm] 0, x \in \overline{\{80, 90\}} \text{ 且 } x \in R \end{cases}$$

由此可得总和打分的清晰有理数为：

$$C(x) = B_1(x) \times 30\% + B_2(x) \times 30\% + B_3(x) \times 40\%$$

根据清晰有理数的加法和乘法运算法则可得：

$$C(x) = \begin{cases} \dfrac{12}{25}, x = 82.5 \\\\ \dfrac{9}{20}, x = 78.5 \\\\ 0, x \overline{\in} \{82.5, 78.5\} \text{ 且 } x \in R \end{cases}$$

根据清晰有理数均值的定义可得均值为：

$$E(C(x)) = \frac{\sum\limits_{i=1}^{n} x_i A(x_i)}{\sum\limits_{i=1}^{n} A(x_i)} = \frac{\dfrac{12}{25} \times 82.5 + \dfrac{9}{20} \times 78.5}{\dfrac{12}{25} + \dfrac{9}{20}} = 80.56$$

综合对三方面满意度打分的均值为 80.56 分，按照消费者要求分数小于 60 分表示对该服装不满意应另选其他品牌的服装，分数在 60 ～ 80 分之间是基本满意，可以考虑，分数在 80 ～ 100 之间是满意，可以选购该品牌的服装，根据分析对服装的满意度打分 $E(C(x)) = 80.56 > 80$，表示对满意可以购买该服装。

像上例这样对衣服进行综合评判的过程称为清晰综合评判。

5.4　清晰综合评判的运算模型

在实际应用中,几乎每种方案都要受多种属性、多种因素的影响,在进行综合评判时必须做综合考虑。又因为这些因素具有模糊性,在评价时应用了清晰数学的理论,这种评价称为清晰综合评判。

影响评价对象的因素有很多,各因素之间还有层次之分。为了更方便的比较各评价对象的优劣次序,得出有意义、有价值的评价结果,可以利用多层清晰综合评判。

5.4.1　单层清晰综合评判

1. 建立各因素对应的清晰有理数

根据不同专家组对因素的评价打分,可以确定每个因素的打分及隶属度,从而得到各因素相应的清晰有理数。设有影响评价对象的因素有 n 种,那么便可以确定 n 个清晰有理数,即为 $A_1(x), A_2(x), \cdots, A_n(x)$。

2. 确立各因素对应的权重

各个评价因素对具体的方案设计的影响总有一个统一的权衡,这就是各因素的权重分配,权重反映了各个因素在清晰综合评判中所占的地位和作用,它直接影响到清晰综合评判的分数。对于同一等级的不同因素,它们所占的权重也不一定相同。对应 n 各因素的 n 个权重为: $w_1, w_2, \cdots, w_n$。

3. 计算综合打分的清晰有理数

评价对象综合打分的清晰有理数是把各因素的清晰有理数

与其权重的乘积之和,即

$$C(x) = A_1(x) \times w_1 + A_2(x) \times w_2 + \cdots + A_n(x) \times w_n。$$

运用清晰有理数的乘法和加法的运算性质,可以得出综合打分的清晰有理数 $C(x)$。

4. 求解清晰有理数的均值

根据清晰有理数均值的定义,可得

$$E(C(x)) = \frac{\displaystyle\sum_{i=1}^{n} x_i C(x_i)}{\displaystyle\sum_{i=1}^{n} C(x_i)}$$

利用清晰有理数的均值,可以把各个因素的专家评判情况及所占权重进行综合处理得到的值用实数进行表示,这样有助于评价对象的比较,使比较结果清晰化、数字化。

【例5-10】　减速器是原动机与工作机之间的闭式传动装置,可以降低转速并相应的增大转矩。减速器的种类很多,其中齿轮减速器的应用范围很广。先对二级减速器的一个设计方面来进行综合评判。方案采用展开式圆柱齿轮减速器,其传动件主要有轴入轴、中间轴、输出轴和两队相互齿合的圆柱齿轮。

进行清晰综合评判时主要是请专家组来对该设计方案的经济性、性能核结构进行评估,然后在综合处理专家意见,得出清晰综合评判的结果。

专家组对设计方案的经济性进行估定,考虑到产品的设计成本和制造成本等,确定这项因素所占的权重为 0.2 且专家组 $\mu_{80} = \{a_1, a_2, a_3, a_4\}$ 打分为80分,其中三位专家赞成,一位专家未表态,具体为 $\Delta\mu_{80} = \{a_1, a_2, a_3\}$,专家组对设计方案的机械性能来进行估定,要考虑到产品的机械效率、发热、连续工作能力、运转平稳性、寿命、维修等；设因素所占的权重为 0.6 且专家组 $\mu_{85} = \{b_1, b_2, b_3, b_4, b_5\}$ 打分为 85 分，其中四位专家赞成，一位专家未表态，且具体为 $\Delta\mu_{85} = \{b_1, b_2, b_3, b_4\}$；专家组 $\mu_{75} = \{c_1, c_2, c_3, c_4, c_5\}$ 打分为 75 分，其中三位专家赞成，2 位专家未表态，具体为 $\Delta\mu_{75} = \{c_1, c_3, c_5\}$。专家组对设计方案的结构进行估定，要考虑到产品的尺寸、质量和布局等，确定这项因素所占的权重为 0.2 且专家组 $\mu_{70} = \{d_1, d_2, d_3\}$，打分为 70 分，其中 2 位专家赞成，1 位专家未表态，具体为 $\Delta\mu_{70} = \{d_1, d_3\}$。

（1）建立各因素对应的清晰有理数。

根据专家组的打分情况可以确定对经济性的评价的清晰有理数

$$\underline{A_1}(x) = \begin{cases} \dfrac{3}{4} = \dfrac{|\{a_1, a_2, a_3\}|}{|\{a_1, a_2, a_3, a_4\}|}, x = 80 \\[3mm] 0, x \,\overline{\in}\, \{80\} \text{ 且 } x \in R \end{cases}$$

确定对机械性能的评价的清晰有理数为：

$$\underline{A_2}(x) = \begin{cases} \dfrac{4}{5} = \dfrac{|\{b_1, b_2, b_3, b_4\}|}{|\{b_1, b_2, b_3, b_4, b_5\}|}, x = 85 \\[3mm] \dfrac{3}{4} = \dfrac{|\{c_1, c_3, c_5\}|}{|\{c_1, c_2, c_3, c_4, c_5\}|}, x = 75 \\[3mm] 0, x \,\overline{\in}\, \{75, 85\} \text{ 且 } x \in R \end{cases}$$

确定对结构的评价的清晰有理数为：

$$\underline{A_3}(x) = \begin{cases} \dfrac{2}{3} = \dfrac{|\{d_1, d_3\}|}{|\{d_1, d_2, d_3\}|}, x = 70 \\[3mm] 0, x \,\overline{\in}\, \{70\} \text{ 且 } x \in R \end{cases}$$

（2）确定各因素相应的权重。

该设计方案考虑到了三方面的因素：经济性、机械性能和结构，它们所占的权重分别为 $w_1 = 0.2, w_2 = 0.6, w_3 = 0.2$。

（3）计算综合打分的清晰有理数。

根据三个因素确定的清晰有理数和其所占的权重，可得综合打分的清晰有理数为：

$$\underline{C}(x) = \underline{A_1}(x) \times w_1 + \underline{A_2}(x) \times w_2 + \underline{A_3}(x) \times w_3$$
$$= \underline{A_1}(x) \times 0.2 + \underline{A_2}(x) \times 0.6 + \underline{A_3}(x) \times 0.2$$

根据清晰有理数的乘法和加法的定义可得

$$\underline{C}(x) = \begin{cases} \dfrac{3}{10}, x = 75 \\[2mm] \dfrac{2}{5}, x = 81 \\[2mm] 0, x \overline{\in} \{75, 81\} \text{且} x \in R \end{cases}$$

（4）求清晰有理数 $\underline{C}(x)$ 的均值。

根据清晰有理数均值的定义，可得

$$E(\underline{C}(x)) = \frac{\sum_{i=1}^{n} x_i \underline{C}(x_i)}{\sum_{i=1}^{n} \underline{C}(x_i)}$$

$$= \frac{75 \times \dfrac{3}{10} + 81 \times \dfrac{2}{5}}{\dfrac{3}{10} + \dfrac{2}{5}}$$

$$= 78.43$$

因此得到对该设计方案的综合打分为 78.43 分。

5.4.2　多层清晰综合评判

在复杂的系统中,因素很多,各因素之间还有层次之分。对这类问题,可以把因素按其性质和特点分成几层,先对最后一层各因素进行单层清晰综合评价,得到这一层内各因素综合评价的清晰有理数,然后对上一层按照这样的方法进行清晰综合评判,这样一层一层地进行综合评判,直至最高层,得出可靠的评价结果。

第6章

清晰模型识别

模型识别在实际问题中是普遍存在的。例如,学生到外面采集到一植物标本,要识别它属于哪一纲哪一目;投递员(或分拣机)在分拣信件时要识别邮政编码等,这些都是模型识别。它们有两个本质特征:一是事先已知若干标准模型(称为标准模型库);二是有待识别的对象。因此,模型识别粗略地讲,就是要把一种研究对象,根据其某种特征进行识别分类。

6.1 模糊模型识别错得太离谱

这一节讨论的是第二类模糊识别问题,设在论域 $U = \{x_1, x_2, \cdots, x_n\}$ 上有 m 个模糊子集 $\underset{\sim}{A_1}, \underset{\sim}{A_2}, \cdots, \underset{\sim}{A_m}$ (m 个模型),构成了标准模型库,被识别的对象 $\underset{\sim}{B}$ 也是一个模糊集,$\underset{\sim}{B}$ 与 ($i = 1, 2, \cdots, m$) 中的哪一个最贴近? 这就是一个模糊集对标准模糊集的识别问题。因此,这里涉及两个模糊集的贴近程度问题。

先把模糊向量的内积与外积推广到无限论域 U 上,有如下定义。

定义 6-1 设 $\underset{\sim}{A}, \underset{\sim}{B} \in T(U)$,称

$$\underset{\sim}{A} \circ \underset{\sim}{B} = \bigvee_{x \in U} [A(x) \wedge B(x)] \tag{6.1.1}$$

为 $\underset{\sim}{A},\underset{\sim}{B}$ 的内积;称

$$\underset{\sim}{A} \odot \underset{\sim}{B} = \bigwedge_{x \in U} [A(x) \vee B(x)] \qquad (6.1.2)$$

为 $\underset{\sim}{A},\underset{\sim}{B}$ 的外积。

需要指出:内积与外积的简单性质对无限论域 U 上的模糊集也成立。

性质 6-1　设 $\underset{\sim}{A},\underset{\sim}{B} \in T(U)$,则有

(1) $(\underset{\sim}{A} \circ \underset{\sim}{B})^c = \underset{\sim}{A^c} \odot \underset{\sim}{B^c}$;

(2) $(\underset{\sim}{A} \odot \underset{\sim}{B})^c = \underset{\sim}{A^c} \circ \underset{\sim}{B^c}$。

性质 6-2　设 $\underset{\sim}{A},\underset{\sim}{B} \in T(U)$,则有

(1) $\underset{\sim}{A} \circ \underset{\sim}{A} = \overline{\underset{\sim}{A}}$;

(2) $\underset{\sim}{A} \odot \underset{\sim}{A} = \underline{\underset{\sim}{A}}$;

(3) $\underset{\sim}{A} \subset \underset{\sim}{B} \Rightarrow \underset{\sim}{A} \circ \underset{\sim}{B} = \overline{\underset{\sim}{A}}$;

(4) $\underset{\sim}{B} \subset \underset{\sim}{A} \Rightarrow \underset{\sim}{A} \odot \underset{\sim}{B} = \underline{\underset{\sim}{A}}$。

性质 6-3　设 $\underset{\sim}{A},\underset{\sim}{B} \in T(U)$,则有

(1) $\underset{\sim}{A} \circ \underset{\sim}{B} \leqslant \overline{\underset{\sim}{A}} \wedge \overline{\underset{\sim}{B}}$;

(2) $\underset{\sim}{A} \odot \underset{\sim}{B} \geqslant \underline{\underset{\sim}{A}} \vee \underline{\underset{\sim}{B}}$;

(3) $\underset{\sim}{A} \circ \underset{\sim}{A^c} \leqslant \dfrac{1}{2}$;

(4) $\underset{\sim}{A} \odot \underset{\sim}{A^c} \geqslant \dfrac{1}{2}$。

由模糊集的内积与外积的性质可知,单独使用内积或外积还不能完全刻画两个模糊集 $\underset{\sim}{A}$、$\underset{\sim}{B}$ 之间的贴近程度。模糊集的内积与外积都只能部分地表现两个模糊集的靠近程度。内积越大,模糊集越靠近;外积越小,模糊集也越靠近。因此,人们就用

二者相结合的"格贴近度"来刻画两个模糊集的贴近程度。

定义 6-2 设 $\underset{\sim}{A}$、$\underset{\sim}{B}$ 是论域 U 上的模糊子集,则称

$$\sigma_0(\underset{\sim}{A},\underset{\sim}{B}) = \frac{1}{2}\big[\circ + (1-) \big] \qquad (6.1.3)$$

为 $\underset{\sim}{A}$ 与 $\underset{\sim}{B}$ 格贴近度。

可见,当 $\sigma_0(\underset{\sim}{A},\underset{\sim}{B})$ 越大(从而 $\circ$ 越大,越小)时,$\underset{\sim}{A}$ 与 $\underset{\sim}{B}$ 越贴近。

有了格贴近度的定义后,就容易计算格贴近度。

显然,格贴近度具有下列性质。

性质 6-4 $0 \leqslant \sigma_0(\underset{\sim}{A},\underset{\sim}{B}) \leqslant 1$。

性质 6-5 $\sigma_0(\underset{\sim}{A},) = \frac{1}{2}[+ (1-)]$,当 $=1$,$=0$ 时,$\sigma_0(\underset{\sim}{A},)$ $=1$;

$$\sigma(U,\varphi) = 0。$$

性质 6-6 若 $\underset{\sim}{A} \subseteq \subseteq$,则 $\sigma_0(\underset{\sim}{A},) \leqslant \sigma_0(\underset{\sim}{A},\underset{\sim}{B}) \wedge \sigma_0(,)$。

贴近度描述了模糊集之间彼此贴近的程度,是我国学者汪培庄教授首先提出来的。实际上,由于所研究问题的性质不同,还有其他的贴近度定义。

定义 6-3 设 $\underset{\sim}{A}$、$\underset{\sim}{B}$ 是论域 U 上的模糊集,则称

$$\sigma_0(\underset{\sim}{A},\underset{\sim}{B}) = (\circ) \wedge (\underset{\sim}{A} \odot \underset{\sim}{B})^c$$

为 $\underset{\sim}{A}$ 与 $\underset{\sim}{B}$ 的贴近度。

前面曾经指出过,当 $\underset{\sim}{A}$,$\underset{\sim}{B}$ 都有完全属于自己和完全不属于自己的元素时,格贴近度 $M(x) = \sigma_0(\underset{\sim}{A},\underset{\sim}{B})$ 比较客观地反映了 $\underset{\sim}{A}$ 与 $\underset{\sim}{B}$ 的贴近程度,但是格贴近度仍有不足之处,格贴近度的性质 5 表明:$\sigma_0(\underset{\sim}{A},) = \frac{1}{2}[+ (1-)]$,一般 $\sigma_0(\underset{\sim}{A},) \neq 1$;仅当 $=1$,$=0$ 时,才能保证 $\sigma_0(\underset{\sim}{A},) = 1$。又如两个正态模糊集 $\underset{\sim}{A}$,$\underset{\sim}{B}$ 有很大差

异：$a_1 = a_2 = a, \sigma_1 \neq \sigma_2$，但它们的格贴近度 $\mu(x) = \sigma_0(\underset{\sim}{A}, \underset{\sim}{B})$ $= 1$。

这些都表明，格贴近度是一定条件下的产物，难免具有局限性，有时还不能如实反映实际情况。

于是，人们一方面尽管觉得格贴近度有缺陷，但还是乐意采用易于计算的格贴近度来解决一些实际问题；另一方面，在实际工作中又给出了许多具体定义。模糊模型识别的主要理论基础是贴近度，但贴近度对吗？可见，原模糊界的学者也早对其贴近度有怀疑，从其公理化定义中更见此意，但可惜的是人们还是将它保留下来，本应早抛弃，因为那是个违背概念原理的完备性的错误概念。现举例说明如下。

设论域 $U = [0,1]$，U 的一个子集 $A = [0, \frac{1}{2}]$，另一个子集 B $= \left\{ \frac{1}{2}, 1 \right\}$，则 $A \circ B = \bigvee_{x \in [0,1]} [A(x) \wedge B(x)] = 1, A \odot B = \bigwedge_{x \in [0,1]}$ $[A(x) \vee B(x)] = 0$，所以，$\sigma(A, B) = \frac{1}{2}[A \circ B + (1 - A \odot B)] =$ $\frac{1}{2}[1 + (1-0)] = 1$。故 A 和 B 百分之百贴近，实际上 A 和 B 仅在 $x = \frac{1}{2}$ 之处相交，怎么能说其贴近呢？实际若 $B = \{x \mid x \in$ $[\frac{1}{2}, \frac{3}{4})$ 或 $x \in (\frac{3}{4}, 1\}$ 时，都有 $\sigma(A, B) = 1$。

可见，当 A 和 B 都是经典子集时，且直观上将贴近度理解为二者的重合程度时，可知格贴近度实际上是于两个集合的贴近度毫不相关的量，所以，应该坚决抛弃，否则以此为理论基础搞出的模型识别是毫无价值的伪理论。

6.2   有限经典集合的贴近度

定义 6-4   设 A、B 为两个元素有限的经典集合且 A 的元素个数为 $|A|$，B 的元素个数为 $|B|$，则 $\dfrac{|A \cap B|}{|A \cup B|}$ 叫做 A 与 B 的贴近度，记为 $\underline{\sigma}(A,B)$，当 $A \cup B = \varphi$，A 与 B 无贴近度。

【例 6-1】   设 $A = \{a,b,c\}$，$B = \{b,c,D\}$，则

$$\sigma(A,B) = \frac{|A \cap B|}{|A \cup B|} = \frac{|\{b,c\}|}{|\{a,b,c,D\}|} = \frac{2}{4} = \frac{1}{2}$$

贴近度的性质。

性质 6-7 $\sigma(A,A) = 1$。

证明 $\sigma(A,A) = \dfrac{|A \cap B|}{|A \cup B|} = \dfrac{|A|}{|A|} = 1$。

性质 6-8 $\sigma(A,B) = \sigma(B,A)$。

证明 $\sigma(A,B) = \dfrac{|A \cap B|}{|A \cup B|} = \dfrac{|B \cap A|}{|B \cup A|} = \sigma(B,A)$。

性质 6-9   若 $A \subseteq B \subseteq C$，则 $\sigma(A,C) \leqslant \sigma(A,B) \wedge \sigma(B,C)$。

证明   因为 $A \subseteq B \subseteq C$，所以

$$\sigma(A,C) = \frac{|A \cap C|}{|A \cup C|} = \frac{|A|}{|C|} \leqslant \frac{|A \cap B|}{|A \cup B|} = \sigma(A,B) \text{ 和}$$

$$\sigma(A,C) = \frac{|A|}{|C|} \leqslant \frac{|B|}{|B \cup C|} \leqslant \frac{|B \cap C|}{|B \cup C|} = \sigma(B,C)。$$

6.3　贴近度公理化定义讨论

以模糊数学的观点来看,模糊模型识别在现实生活中是普遍存在的,而贴近度是模糊模型识别的主要依据,它描述了模糊集之间彼此贴近的程度,对于模糊集合 $\underset{\sim}{A}$、$\underset{\sim}{B}$ 来说,当 $\sigma(\ ,)$ 越大时,模糊集合 $\underset{\sim}{A}$、$\underset{\sim}{B}$ 就越贴近,后来为了便于计算引入了格贴近度的定义,但格贴近度是在一定条件下的产物,难免具有局限性,有时还不能如实地反映实际情况,于是提出了贴近度的公理化定义。

定义 6-5(贴近度的公理化定义)　设 $T(U)$ 为论域 U 的模糊幂集,若映射

$$\sigma:T(U)\times T(U)\rightarrow[0,1],$$

$(\underset{\sim}{A},\underset{\sim}{B})\mapsto\sigma(\underset{\sim}{A},\underset{\sim}{B})\in[0,1]$,满足:

$(1)\sigma(\underset{\sim}{A},\underset{\sim}{A})=1,\forall\ \underset{\sim}{A}\in T(U)$;

$(2)\sigma(\underset{\sim}{A},\underset{\sim}{B})=\sigma(\underset{\sim}{B},\underset{\sim}{A}),\forall\underset{\sim}{A}、\underset{\sim}{B}\in T(U)$;

$(3)\underset{\sim}{A}\subseteq\underset{\sim}{B}\subseteq\underset{\sim}{C}\Rightarrow\sigma(\underset{\sim}{A},\underset{\sim}{C})\leqslant\sigma(\underset{\sim}{A},\underset{\sim}{B})\wedge\sigma(\underset{\sim}{B},\underset{\sim}{C})$;

则称 $\sigma(\underset{\sim}{A},)$ 为 $\underset{\sim}{A}$ 与 $\underset{\sim}{B}$ 的贴近度。

定义 6-6　设论域 U 上有 m 个模糊子集 $\underset{\sim}{A_1}$,$\underset{\sim}{A_2}$,$\cdots$,$\underset{\sim}{A_m}$,构成一个标准模型库 $\{\underset{\sim}{A_1},\underset{\sim}{A_2},\cdots,\underset{\sim}{A_m}\}$,$\underset{\sim}{B}\in T(U)$ 为待识别的模型。若存在 $i_0\in\{1,2,\cdots,m\}$,使得

$$\sigma_0(\underset{\sim}{A_{i_0}},\underset{\sim}{B})=\bigvee_{k=1}^{m}\sigma_0(\underset{\sim}{A_k},\underset{\sim}{B})$$

则称 $\underset{\sim}{B}$ 与 $\underset{\sim}{A_{i_0}}$ 最贴近,或者说把 $\underset{\sim}{B}$ 归并到 $\underset{\sim}{A_{i_0}}$ 类。

在模糊数学理论中,除了格贴近度 $\sigma_0(\underset{\sim}{A},\underset{\sim}{B})$ 外还有满足公

理定义的如下贴近度：

$$(1) \sigma_1(\underset{\sim}{A}, \underset{\sim}{B}) \underset{=}{\triangle} \frac{\sum\limits_{k=1}^{n} [(x_k) \wedge (x_k)]}{\sum\limits_{k=1}^{n} [(x_k) \vee (x_k)]};$$

$$(2) \sigma_2(\underset{\sim}{A}, \underset{\sim}{B}) \underset{=}{\triangle} \frac{2 \sum\limits_{k=1}^{n} [(x_k) \wedge (x_k)]}{\sum\limits_{k=1}^{n} [(x_k) + (x_k)]};$$

(3) 距离贴近度 $\sigma_3(\underset{\sim}{A}, \underset{\sim}{B}) \underset{=}{\triangle} 1 - \dfrac{1}{n} \sum\limits_{k=1}^{n} |(x_k) - (x_k)|$ 等。

但仅限于经典子集时，且论域 U 的元素有限时 σ_1 和 $\underline{\sigma}$ 是一致的，而 σ_2、σ_3 可以说都不满足概念的完备性，都应抛弃。至于两个模糊集的贴近度问题，由于模糊集概念本身存在的问题，其贴近度问题有待细心讨论，限于篇幅，本节到此为止。

设论域 U 上有 n 个经典子集 $A_1, A_2, A_3, \cdots, A_n$，构成一个标准模型库 $\{A_1, A_2, A_3, \cdots, A_n\}$，$B \in U$ 为待识别的模型。

假设存在 $i_1 \in \{1, 2, \cdots, m\}$，使得 $\sigma_1(A_{i_1}, B) = \overset{n}{\underset{k=1}{\vee}} \sigma_1(A_k, B)$（$B$ 与 A_{i_1} 最贴近），存在 $i_2 \in \{1, 2, \cdots, m\}$，使得 $\sigma_2(A_{i_2}, B) = \overset{n}{\underset{k=1}{\vee}} \sigma_2(A_k, B)$（$B$ 与 A_{i_2} 最贴近）（$i_1 \neq i_2$）。

设 $|A_{i_1}| = x$，$|A_{i_2}| = m$，$|B| = y$，$|A_{i_1} \cap B| = z$，$|A_{i_2} \cap B| = p$，用贴近度 σ_1 判断 B 与 A_{i_1}，A_{i_2} 的贴近程度如下：

$$\sigma_1(A_{i_1}, B) = \frac{|A_{i_1} \cap B|}{|A_{i_1} \cup B|} = \frac{z}{x + y - z}$$

$$\sigma_1(A_{i_2}, B) = \frac{|A_{i_2} \cap B|}{|A_{i_2} \cup B|} = \frac{p}{m + y - p}$$

由于 B 与 A_{i_1} 最贴近，所以 $\sigma_1(A_{i_1}, B) > \sigma_1(A_{i_2}, B)$，即：

$$\frac{z}{x+y-z} > \frac{p}{m+y-p}$$

整理得：$\qquad (m+y)z > (x+y)p \qquad\qquad (6.1)$

用贴近度 σ_2 判断 B 与 A_{i_1}，A_{i_2} 的贴近程度如下：

$$\sigma_2(A_{i_1}, B) = \frac{2|A_{i_1} \cap B|}{|A_{i_1}| + |B|} = \frac{2z}{x+y}$$

$$\sigma_2(A_{i_2}, B) = \frac{2|A_{i_2} \cap B|}{|A_{i_2}| + |B|} = \frac{2p}{m+y}$$

由于 B 与 A_{i_2} 最贴近，所以 $\sigma_2(A_{i_1}, B) < \sigma_2(A_{i_2}, B)$，即：

$$\frac{2z}{x+y} < \frac{2p}{m+y}$$

整理得：$\qquad (m+y)z < (x+y)p \qquad\qquad (6.2)$

由于(1)式和(2)式相互矛盾，可以推出不存在这样的 A_{i_1} 和 $A_{i_2}(i_1 \neq i_2)$，故贴近度 σ_1 与 σ_2 是等效的。

【例6-2】　设论域 $U = \{a_1, a_2, a_3, a_4, a_5\}$，$U$ 的两个子集为 A_1 和 A_2 分别为

$$A_1 = \{a_2, a_3, a_4, a_5\}$$

$$A_2 = \{a_1\}$$

集合 $B \in U$ 为待识别的模型，集合 $B = \{a_1, a_3, a_4\}$，

则 $\qquad A_1 \cap B = \{a_3, a_4\}, A_2 \cap B = \{a_1\}$，

用贴近度 σ_1 判断 B 与 A_1，A_2 的贴近程度如下：

$$\sigma_1(A_1, B) = \frac{|A_1 \cap B|}{|A_1 \cup B|} = \frac{2}{5}$$

$$\sigma_1(A_2, B) = \frac{|A_2 \cap B|}{|A_2 \cup B|} = \frac{1}{3}$$

因为 $\sigma_1(A_1,B) > \sigma_1(A_2,B)$，所以 B 与 A_1 最贴近；

用贴近度 σ_3 判断 B 与 A_1,A_2 的贴近程度如下：

$$\sigma_3(A_1,B) = 1 - \frac{1}{n}\sum_{k=1}^{n}|A_1(x_k) - B(x_k)|$$

$$= 1 - \frac{1}{5}(1+1+0+0+1) = \frac{2}{5}$$

$$\sigma_3(A_2,B) = 1 - \frac{1}{n}\sum_{k=1}^{n}|A_2(x_k) - B(x_k)|$$

$$= 1 - \frac{1}{5}(0+0+1+1+0) = \frac{3}{5}$$

因为 $\sigma_3(A_1,B) < \sigma_3(A_2,B)$，所以 B 与 A_2 最贴近。

可见，贴近度 σ_1 与 σ_3 在经典集合当中讨论时并不是等效的，因为贴近度 σ_1 是满足完备性要求的，所以应用贴近度 σ_1 的归类方法是正确的，而贴近度 σ_3 不与贴近度 σ_1 等效，所以应用贴近度 σ_3 的归类方法与实际不服，应该抛弃。

6.4   清晰集贴近度初论

设论域 $U = \{\mu_1,\mu_2,\cdots,\mu_n\}$，$U$ 的两个清晰子集分别为

$$\underline{D} = \{\Delta\mu_1,\Delta\mu_2,\cdots,\Delta\mu_n\}$$

$$\underline{F} = \{\Delta'\mu_1,\Delta'\mu_2,\cdots,\Delta'\mu_n\}$$

则 $\underline{D}$ 与 $\underline{F}$ 的元素 $\Delta\mu_i$ 和 $\Delta'\mu_i$ 都是元素个数有限的经典合。故可按 6.2 中的定义 1 讨论 $\dfrac{\left|\Delta\mu_i \bigcap \Delta'\mu_i\right|}{\left|\Delta\mu_i \bigcup \Delta'\mu_i\right|}$ $(i=1,2,\cdots,n)$，即 $\sigma(\Delta\mu_i,\Delta'\mu_i)$，则其这些贴近度之均值，叫做 $\underline{D}$ 和 $\underline{F}$ 的贴近度，记为

$\underline{\sigma}(\underline{D},\underline{F})$，特别当每一个 $\sigma(\Delta\mu_i,\Delta'\mu_i)$ 都存在时，有

$$\underline{\sigma}(\underline{D},\underline{F}) = \frac{1}{n}\sum_{i=1}^{n}\sigma(\Delta\mu_i,\Delta'\mu_i) = \frac{1}{n}\sum_{i=1}^{n}\frac{|\Delta\mu_i\bigcap\Delta'\mu_i|}{|\Delta\mu_i\bigcup\Delta'\mu_i|}$$

【例 6 - 3】　设论域

$$U = \{\mu_1,\mu_2,\cdots,\mu_n\}, \mu_1 = \{a_1,a_2,a_3\}, \mu_2 = \{b_1,b_2,b_3\},$$

$$\mu_3 = \{c_1,c_2,c_3\},$$

其清晰集

$$\underline{D} = \{\{a_1,a_2\},\{b_1,b_2\},\{c_1,c_2\}\}$$

$$\underline{F} = \{\{a_1,a_3\},\{b_1,b_3\},\{c_1,c_3\}\}$$

求 $\underline{\sigma}(\underline{D},\underline{F})$。

解： $\underline{\sigma}(\underline{D},\underline{F})$

$$= \frac{1}{3}\left[\frac{|\{a_1,a_2\}\bigcap\{a_1,a_3\}|}{|\{a_1,a_2\}\bigcup\{a_1,a_3\}|} + \frac{|\{b_1,b_2\}\bigcap\{b_1,b_3\}|}{|\{b_1,b_2\}\bigcup\{b_1,b_3\}|}\right.$$

$$\left. + \frac{|\{c_1,c_2\}\bigcap\{c_1,c_3\}|}{|\{c_1,c_2\}\bigcup\{c_1,c_3\}|}\right]$$

$$= \frac{1}{3}\left[\frac{|\{a_1\}|}{|\{a_1,a_2,a_3\}|} + \frac{|\{b_1\}|}{|\{b_1,b_2,b_3\}|} + \frac{|\{c_1\}|}{|\{c_1,c_2,c_3\}|}\right]$$

$$= \frac{1}{3}\left[\frac{1}{3} + \frac{1}{3} + \frac{1}{3}\right] = \frac{1}{3}$$

【例 6 - 4】　设论域

$$U = \{\mu_1,\mu_2,\cdots,\mu_n\}, 且 \mu_1 = \{a_1,a_2,a_3\}, \mu_2 = \{b_1,b_2,b_3\},$$

$$\mu_3 = \{c_1,c_2,c_3\},$$

其清晰集

$$\underline{D} = \{\{a_1,a_2\},\{b_1,b_2\}\}$$

$$F = \{\{a_1, a_3\}, \{b_1, b_3\}\}$$

求 $\sigma(D, F)$。

解：$\sigma(D, F)$

$$= \frac{1}{2}\left[\frac{|\{a_1, a_2\} \bigcap \{a_1, a_3\}|}{|\{a_1, a_2\} \bigcup \{a_1, a_3\}|} + \frac{|\{b_1, b_2\} \bigcap \{b_1, b_3\}|}{|\{b_1, b_2\} \bigcup \{b_1, b_3\}|}\right]$$

$$= \frac{1}{2}\left[\frac{|\{a_1\}|}{|\{a_1, a_2, a_3\}|} + \frac{|\{b_1\}|}{|\{b_1, b_2, b_3\}|}\right]$$

$$= \frac{1}{2}\left[\frac{1}{3} + \frac{1}{3}\right] = \frac{1}{2} \times \frac{2}{3} = \frac{1}{3}$$

清晰集贴近度的性质：

(1) $\sigma(A, A) = 1$；

(2) $\sigma(A, B) = \sigma(B, A)$；

(3) 若 $A \subseteq B \subseteq C$，则 $\sigma(A, C) \geqslant \sigma(A, B) \wedge \sigma(B, C)$。

证明略。

【例 6-5】 设论域

$$U = \{\mu_1, \mu_2\}, \text{且 } \mu_1 = \{a_1, a_2, a_3\}, \mu_2 = \{b_1, b_2, b_3\}$$

其中 a_1、b_1 是 D_1 厂生产的零件，a_2、b_2 是 D_2 厂生产的零件，a_3、b_3 是 D_3 厂生产的零件，当把 μ_1、μ_2 看成一台机器时，给出 U 的清晰子集：

$$D_1 = \{\{a_1\}, \{b_1\}\}, D_2 = \{\{a_2\}, \{b_2\}\}, D_3 = \{\{a_3\}, \{b_3\}\}.$$

它们的隶属函数分别为

$$D_1(x): \quad D_1(\mu_1) = \frac{1}{3}, D_1(\mu_2) = \frac{1}{3}$$

$$\underline{D_2}(x): \quad \underline{D_2}(\mu_1) = \frac{1}{3}, \underline{D_2}(\mu_2) = \frac{1}{3}$$

$$\underline{D_3}(x): \quad \underline{D_3}(\mu_1) = \frac{1}{3}, \underline{D_3}(\mu_2) = \frac{1}{3}$$

它们都是定义域为 U，取值在 $[0,1]$ 的函数，而 $\frac{1}{3}$ 则对 $\underline{D_1}(x)$ 来说对应着 U 中的机器 μ_1、μ_2 的零件在 D_1 厂造的是其全部零件的百分比，对 $\underline{D_2}(x)$ 来说对应着在 D_2 厂造的零件是其全部零件的百分比，而对 $\underline{D_3}(x)$ 来说对应着在 D_3 厂造的零件是其全部零件的百分比。即机器属于 D_1 厂、D_2 厂和 D_3 厂造的程度，即 μ_1、μ_2 隶属于 $\underline{D_1}$、$\underline{D_2}$、$\underline{D_3}$ 的程度。

我们得 U 的三个清晰子集，它们隶属函数是定义在 U 上取值为 $\frac{1}{3} \in [0,1]$ 的函数，为一模糊子集，现在我们以清晰贴近度 $\underline{\sigma}$ 和模糊贴近度 σ，对它们进行讨论。

$$\underline{\sigma}(\underline{D_1}, \underline{D_2}) = \frac{1}{2}\left[\frac{|\{a_1\} \bigcap \{a_2\}|}{|\{a_1\} \bigcup \{a_2\}|} + \frac{|\{b_1\} \bigcap \{b_2\}|}{|\{b_1\} \bigcup \{b_2\}|}\right]$$

$$= \frac{1}{2}\left[\frac{0}{2} + \frac{0}{2}\right] = 0$$

同样　$\underline{\sigma}(\underline{D_1}, \underline{D_3}) = \underline{\sigma}(\underline{D_2}, \underline{D_3}) = 0$

根据清晰贴近度的性质得

$$\underline{\sigma}(\underline{D_1}, \underline{D_1}) = \underline{\sigma}(\underline{D_2}, \underline{D_2}) = \underline{\sigma}(\underline{D_3}, \underline{D_3}) = 1$$

但按模糊集的贴近度，得

$$\underline{D_i} \circ \underline{D_j} = \bigvee_{x \in U} [\underline{D_i}(x) \wedge \underline{D_j}(x)] = \frac{1}{3} \quad (i, j \in \{1, 2, 3\})$$

$$\underline{D_i} \odot \underline{D_j} = \bigwedge_{x \in U} [\underline{D_i}(x) \vee \underline{D_j}(x)] = \frac{1}{3} \quad (i,j \in \{1,2,3\})$$

故 $\underline{\sigma}(\underline{D_i}, \underline{D_j}) = \frac{1}{2}[\frac{1}{3} + (1 - \frac{1}{3})] = \frac{1}{2}$

　　从上述计算看出,按清晰贴近度归类合于直观实际。而按模糊贴近度简直无法将其所论问题进行归类。连一个集合和自身也归不了同类,由此再次看模糊贴近度的概念应彻底抛弃。

第7章

清晰有理数的应用

清晰数是实数的推广,实数是清晰数的特例,故实数有什么用,清晰数也有什么用,而且用处更广。利用清晰数,来确定某种生产机械设计方案的可信度,从而使设计更加符合生产实际,减少资源浪费,使资源达到合理配置。这里初步介绍一些清晰数的应用。

7.1 清晰数学在机械更新决策中的应用

每台生产机械都有它的使用寿命,而随着科学技术的不断进步,在实际生产中一些生产机械由于生产效率降低、消耗能量增大等因素使其还未达到使用寿命就被淘汰,成为公司难以处理的废弃物,造成资源浪费。这样以来,生产机械的使用寿命就不宜设计的过长,应根据生产机械更新的周期来进行调整,但是生产机械的使用寿命和更新周期是需要人们分析相关情况、依据经验来确定的,是模糊的信息。利用清晰数,来确定某种生产机械设计方案的可信度。

【例 7 - 1】 某设计院欲设计一种加工机床,需要确定机床的更新周期和使用寿命,从而初步确定设计方案。在进行市场调查和相关资料分析后,请来几组专家对加工机床的使用寿命和更新周期进行评估,对使用寿命的评估情况为:专家组 $\mu_{10} =$

$\{a_1,a_2,a_3\}$ 估计使用寿命应为 10 年,其中两位专家表示赞成,一位没有表态,赞成者具体构成集 $\Delta\mu_{10}=\{a_1,a_3\}$;专家组 $\mu_8=\{b_1,b_2,b_3,b_4\}$ 估计使用寿命应为 8 年,其中三位专家表示赞成,一位没有表态,赞成者具体构成集 $\Delta\mu_8=\{b_1,b_2,b_3\}$。对更新周期的评估情况为:专家组 $\mu_6=\{c_1,c_2,c_3,c_4,c_5\}$ 估计更新周期应为 6 年,其中四位专家表示赞成,一位没有表态,赞成者具体构成集 $\Delta\mu_6=\{c_2,c_3,c_4,c_5\}$;专家组 $\mu_9=\{d_1,d_2,d_3,d_4,d_5\}$ 估计更新周期应为 9 年,其中三位专家表示赞成,两位没有表态,赞成者具体构成集 $\Delta\mu_9=\{d_1,d_3,d_4\}$。

试分析该设计方案的可信度。

解:根据专家组的估定值,就加工机床的更新周期和使用寿命来说可以确定论域(定义域)为

$U=\{\mu_a/\alpha\in R\}$,其中 $\mu_a=\varphi,\alpha\in\overline{\{6,8,9,10\}}$ 取值范围在 $[0,1]$ 的隶属函数。

可以确定清晰有理数如下。

加工机床的使用寿命确定的清晰有理数为

$$
\underline{A}(x)=\begin{cases}
\dfrac{2}{3}=\dfrac{|\{a_1,a_3\}|}{|\{a_1,a_2,a_3\}|}, & x=10 \\[3mm]
\dfrac{3}{4}=\dfrac{|\{b_1,b_2,b_3\}|}{|\{b_1,b_2,b_3,b_4\}|}, & x=8 \\[3mm]
0, & x\overline{\in}\{8,10\}\text{ 且 }x\in R
\end{cases}
$$

加工机床的更新周期确定的清晰有理数为

$$
\underline{B}(x)=\begin{cases}
\dfrac{4}{5}=\dfrac{|\{c_2,c_3,c_4,c_5\}|}{|\{c_1,c_2,c_3,c_4,c_5\}|}, & x=6 \\[3mm]
\dfrac{3}{5}=\dfrac{|\{d_1,d_3,d_4\}|}{|\{d_1,d_2,d_3,d_4,d_5\}|}, & x=9 \\[3mm]
0, & x\overline{\in}\{6,9\}\text{ 且 }x\in R
\end{cases}
$$

求得清晰有理数 $\underline{C}(x) = \underline{A}(x) - \underline{B}(x)$。

（1）清晰有理数 $\underline{A}(x)$ 与 $\underline{B}(x)$ 的可能值的带边差矩阵为

8	2	-1
10	4	1
—	6	9

（2）清晰有理数 $\underline{A}(x)$ 与 $\underline{B}(x)$ 的隶属度的带边积矩阵为

$\underline{A}(8) = \dfrac{3}{4}$	$\dfrac{3}{5}$	$\dfrac{9}{20}$
$\underline{A}(10) = \dfrac{2}{3}$	$\dfrac{8}{15}$	$\dfrac{2}{5}$
$\times$	$\underline{B}(6) = \dfrac{4}{5}$	$\underline{B}(9) = \dfrac{3}{5}$

（3）清晰有理数 $\underline{C}(x)$ 可以表示为

$$\underline{C}(x) = \begin{cases} \dfrac{9}{20}, & x = -1 \\[2mm] \dfrac{2}{5}, & x = 1 \\[2mm] \dfrac{3}{5}, & x = 2 \\[2mm] \dfrac{8}{15}, & x = 4 \\[2mm] 0, & x \overline{\in} \{-1, 1, 2, 4\} \text{ 且 } x \in R \end{cases}$$

由此可得,清晰有理数 $\underline{C}(x) \geqslant 0$ 的可信度为

$$P\{\underline{C}(x) \geqslant 0\} = \left(\frac{2}{5} + \frac{3}{5} + \frac{8}{15}\right) / \left(\frac{2}{5} + \frac{3}{5} + \frac{8}{15} + \frac{9}{20}\right)$$

$$= \frac{92}{119} = 0.773$$

专家组认为当方案的可信度大于 60% 时,视为该方案可行,而这里经过综合专家组的意见的到方案的可信度为 77.3% 大于 60%,说明该方案可行。

7.2　机械的失效概率和可靠度

7.2.1　机械的可靠度

零件(系统)在规定的运行条件下,在规定的时间内,能正常工作的概率,即为可靠度,记作 $R(t)$。

7.2.2　机械的失效概率

零件(系统)在规定的时间间隔内失效的概率,即为失效概率,记作 $F(t)$。

失效概率和可靠度之间的关系为: $F(t) + R(t) = 1$。

对于任意一个机械系统的失效概率和可靠度都是模糊的信息,只能估计它们的值。

7.2.3　机械系统可靠度的计算

一个机械系统的可靠度取决于两个因素:一是零件(部件)本身的可靠程度;二是它们彼此组合起来的形式。在零件(部件)的可靠度相同的前提下,由于组合方式不同,系统的可靠度是有很大差异的。

机械零件(部件)组合的方式基本上可以分为三种:串联方

式、并联方式和混联方式。

1. 串联系统可靠度计算

串联系统是由 n 零件(部件等)组成的一个机械系统,若其中一个零件失效,整个系统就会失效,大多数的机械传动系统采用这种方式。串联系统可靠性的逻辑框图(见下图 1)。

图 1　串联系统可靠性的逻辑框图

串联系统可靠度的数学模型:

设系统的失效时间的随机变量为 t,组成该系统的各零件(部件)的失效时间的随机变量为 $t_i(i=1,2,\cdots,n,)$ 时,则系统的可靠度为

$$R(t) = P(t_1 > t \bigcap t_2 > t \bigcap \cdots \bigcap t_n > t)$$

由上式清楚的看出:在串联系统中要使系统可靠的运行,就要求每一个零件(部件)的失效时间都要大于系统的失效时间。即每一零件(部件)的失效时间大于系统失效时间同时发生的概率就是系统的可靠度。

假设零件的失效时间 t_1、t_2、$\cdots$、t_n 之间相互独立,故上式可以写为

$$R(t) = P(t_1 > t) \cdot P(t_2 > t) \cdots P(t_n > t)$$

$P(t_i > t)$ 就是第 i 个零件的可靠度 $R_i(t)$,故

$$R(t) = \prod_{i=1}^{n} R_i(t)$$

【例 7 - 2】　设一个机械系统有两个部件串联组成,专家组 $\mu_{0.9} = \{a_1, a_2, a_3\}$ 对第一个部件的可靠度进行估定为 0.9,其中

两位专家表示赞成,一位没有表态,赞成者具体构成集 $\Delta\mu_{0.9} = \{a_1, a_3\}$;专家组 $\mu_{0.92} = \{b_1, b_2, b_3, b_4, b_5\}$ 对第一个部件的可靠度进行估定为 0.92,其中四位专家表示赞成,一位没有表态,赞成者具体构成集 $\Delta\mu_{0.92} = \{b_1, b_2, b_3, b_4\}$;专家组 $\mu_{0.96} = \{c_1, c_2, c_3, c_4\}$ 对第二个部件的可靠度进行估定为 0.96,其中三位专家表示赞成,一位没有表态,赞成者具体构成集 $\Delta\mu_{0.96} = \{c_2, c_3, c_4\}$;专家组 $\mu_{0.92} = \{d_1, d_2, d_3, d_4, d_5\}$ 对第二个部件的可靠度进行估定为 0.92,其中三位专家表示赞成,两位没有表态,赞成者具体构成集 $\Delta\mu_{0.92} = \{d_1, d_3, d_4\}$。

根据专家组的估定值,就部件的可靠度来说可以确定论域(定义域)为

$U = \{\mu_\alpha / \alpha \in R\}$,其中 $\mu_\alpha = \varphi, \alpha \overline{\in} \{0.9, 0.92, 0.96\}$ 取值范围在 $[0,1]$ 的隶属函数。

第一个部件确定的清晰有理数为

$$\underline{A}(x) = \begin{cases} \dfrac{2}{3} = \dfrac{|\{a_1, a_3\}|}{|\{a_1, a_2, a_3\}|}, & x = 0.9 \\[2mm] \dfrac{4}{5} = \dfrac{|\{b_1, b_2, b_3, b_4\}|}{|\{b_1, b_2, b_3, b_4, b_5\}|}, & x = 0.92 \\[2mm] 0, x \overline{\in} \{0.9, 0.92\} \text{ 且 } x \in R \end{cases}$$

第二个部件确定的清晰有理数为

$$\underline{B}(x) = \begin{cases} \dfrac{3}{4} = \dfrac{|\{c_2, c_3, c_4\}|}{|\{c_1, c_2, c_3, c_4\}|}, & x = 0.96 \\[2mm] \dfrac{3}{5} = \dfrac{|\{d_1, d_3, d_4\}|}{|\{d_1, d_2, d_3, d_4, d_5\}|}, & x = 0.92 \\[2mm] 0, x \overline{\in} \{0.96, 0.92\} \text{ 且 } x \in R \end{cases}$$

则该机械系统的可靠度的清晰有理数为

$$R(x) = \underline{A}(x) \times \underline{B}(x)。$$

根据清晰有理数乘法的运算法则,可得该机械系统可靠度的清晰有理数 $\underline{R}(x)$ 为

$$\underline{R}(x) = \begin{cases} \dfrac{2}{5}, x = 0.828 \\[2mm] \dfrac{12}{25}, x = 0.8464 \\[2mm] \dfrac{1}{2}, x = 0.864 \\[2mm] \dfrac{3}{5}, x = 0.8832 \\[2mm] 0, x \text{ 为其他且 } x \in R \end{cases}$$

利用清晰有理数均值的理论可得该机械系统的可靠度为:

$$E(\underline{R}(x)) = \frac{\displaystyle\sum_{i=1}^{n} x_i \underline{R}(x_i)}{\displaystyle\sum_{i=1}^{n} \underline{R}(x_i)}$$

$$= \frac{0.828 \times \dfrac{2}{5} + 0.8464 \times \dfrac{12}{25} + 0.864 \times \dfrac{1}{2} + 0.8832 \times \dfrac{3}{5}}{\dfrac{2}{5} + \dfrac{12}{25} + \dfrac{1}{2} + \dfrac{3}{5}}$$

$$= 0.8583$$

该机械系统的可靠度为 0.8583。

2. 并联系统的可靠度计算

并联系统是由 n 个元件组成的系统,若一个元件失效可以使用第二个元件,若第二个元件也失效则可以使用第三个元件,直至所有元件都失效,则整个系统就失效。并联系统可靠度的

逻辑框图见下图 2。

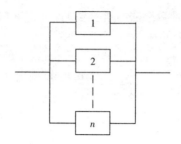

图 2　并联系统可靠度的逻辑框图

并联系统可靠度的数学模型：

设系统的失效时间的随机变量为 t，组成该系统的各零件（部件）的失效时间的随机变量为 $t_i(i=1,2,\cdots,n,)$ 时，则对于 n 个零件（部件）所组成的平行工作冗余系统的失效概率为

$$F(t) = P(t_1 < t \bigcap t_2 < t \bigcap \cdots \bigcap t_n < t)$$

由上式清楚的看出：在并联系统中，只要在每个零件的失效时间都达不到系统要求的工作时间时，即每个零件同时都坏了，系统才可能坏。因此，系统的失效概率是零件同时失效的概率。

假设零件的失效时间 t_1、t_2、$\cdots$、t_n 之间相互独立，故上式可以写为

$$F(t) = P(t_1 < t) \cdot P(t_2 < t) \cdots P(t_n < t)$$

$P(t_i < t)$ 就是第 i 个零件的本身的失效概率 $F_i(t)$，故

$$F(t_i) = P(t_i < t) = 1 - R_i(t)$$

$$F(t) = \prod_{i=1}^{n} F_i(t) = \prod_{i=1}^{n} [1 - R_i(t)]$$

这样,系统的可靠度就为

$$R(t) = 1 - F(t) = 1 - \prod_{i=1}^{n}[1 - R_i(t)] = 1 - \prod_{i=1}^{n} F_i(t)$$

并联系统可靠度计算举例:

设一个机械系统有两个部件并联组成,专家组 $\mu_{0.1} = \{a_1, a_2, a_3\}$ 对第一个部件的失效概率进行估定为 0.1,其中两位专家表示赞成,一位没有表态,赞成者具体构成集 $\Delta\mu_{0.1} = \{a_1, a_3\}$;专家组 $\mu_{0.08} = \{b_1, b_2, b_3, b_4, b_5\}$ 对第一个部件的失效概率进行估定为 0.08,其中四位专家表示赞成,一位没有表态,赞成者具体构成集 $\Delta\mu_{0.08} = \{b_1, b_2, b_3, b_4\}$;专家组 $\mu_{0.04} = \{c_1, c_2, c_3, c_4\}$ 对第二个部件的失效概率进行估定为 0.04,其中三位专家表示赞成,一位没有表态,赞成者具体构成集 $\Delta\mu_{0.04} = \{c_2, c_3, c_4\}$;专家组 $\mu_{0.08} = \{d_1, d_2, d_3, d_4, d_5\}$ 对第二个部件的失效概率进行估定为 0.08,其中三位专家表示赞成,两位没有表态,赞成者具体构成集 $\Delta\mu_{0.08} = \{d_1, d_3, d_4\}$。

根据专家组的估定值,就部件的失效概率来说可以确定论域(定义域)为

$U = \{\mu_a / \alpha \in R\}$,其中 $\mu_a = \varphi, \alpha \overline{\in} \{0.04, 0.08, 0.1\}$ 取值范围在 $[0,1]$ 的隶属函数。

第一个部件确定的清晰有理数为

$$A(x) = \begin{cases} \dfrac{2}{3} = \dfrac{|\{a_1, a_3\}|}{|\{a_1, a_2, a_3\}|}, & x = 0.1 \\[3mm] \dfrac{4}{5} = \dfrac{|\{b_1, b_2, b_3, b_4\}|}{|\{b_1, b_2, b_3, b_4, b_5\}|}, & x = 0.08 \\[3mm] 0, & x \overline{\in} \{0.08, 0.1\} \text{ 且 } x \in R \end{cases}$$

第二个部件确定的清晰有理数为

$$\underline{B}(x) = \begin{cases} \dfrac{3}{4} = \dfrac{|\{c_2,c_3,c_4\}|}{|\{c_1,c_2,c_3,c_4\}|}, x=0.04 \\[3mm] \dfrac{3}{5} = \dfrac{|\{d_1,d_3,d_4\}|}{|\{d_1,d_2,d_3,d_4,d_5\}|}, x=0.08 \\[3mm] 0, x \overline{\in} \{0.04,0.08\} \text{ 且 } x \in R \end{cases}$$

则该机械系统的失效概率的清晰有理数为

$$\underline{F}(x) = \underline{A}(x) \times \underline{B}(x)。$$

根据清晰有理数乘法的运算法则,可得该机械系统失效概率的清晰有理数 $\underline{R}(x)$ 为

$$\underline{F}(x) = \begin{cases} \dfrac{3}{5}, x=0.0032 \\[3mm] \dfrac{1}{2}, x=0.004 \\[3mm] \dfrac{12}{25}, x=0.0064 \\[3mm] \dfrac{2}{5}, x=0.008 \\[3mm] 0, x \text{ 为其他且 } x \in R \end{cases}$$

由公式 $F(t) + R(t) = 1$,可得该系统的可靠度 $\underline{R}(x)$ 为

$$\underline{R}(x) = 1 - \underline{F}(x)$$

根据清晰有理数减法的运算法则,可得该机械系统失效概率的清晰有理数 $\underline{R}(x)$ 为

$$\underline{R}(x) = \begin{cases} \dfrac{2}{5}, x = 0.992 \\[2mm] \dfrac{12}{25}, x = 0.9936 \\[2mm] \dfrac{1}{2}, x = 0.996 \\[2mm] \dfrac{3}{5}, x = 0.9968 \\[2mm] 0, x \text{ 为其他且 } x \in R \end{cases}$$

利用清晰有理数均值的理论可得该机械系统的可靠度为

$$E(\underline{R}(x)) = \frac{\displaystyle\sum_{i=1}^{n} x_i \underline{R}(x_i)}{\displaystyle\sum_{i=1}^{n} \underline{R}(x_i)}$$

$$= \frac{0.992 \times \dfrac{2}{5} + 0.9936 \times \dfrac{12}{25} + 0.996 \times \dfrac{1}{2} + 0.9968 \times \dfrac{3}{5}}{\dfrac{2}{5} + \dfrac{12}{25} + \dfrac{1}{2} + \dfrac{3}{5}}$$

$$= 0.9948$$

该机械系统的可靠度为 0.9948。

参考文献

［1］Zadeh L. A. Fuzzy Sets. Information and Control. 1965,8(3):338—353

［2］Amini,Jalal. Road Extraction from Satellite Images using a Fuzzy—Snake Model. Cartographic Journal,The 0008 —7041,Volume 46,Issue 2,2009,Pages 164—172

［3］Li Gong,Jin Chunling. Fuzzy Comprehensive Evaluation for Carring Capacity of Regional Water Resouces. Water Resouces Management 0920—4741,Volume 23,Issue 12,2009,Pages 2505 —2513

［4］Jiang Weiguo,Deng Lei,Chen Luyao,Wu Jianjun. Risk assessment and validation of flood disaster based on fuzzy mathematics. Progress in natural Science 1002—0071,Volume 19,Issue 10,2009,Pages 1419—1425

［5］LUE Dawei,Wu Lirong,Li Zengxue. The evaluation of mine geology disasters based on fuzzy mathematics and theory Journal of coal science snd engineering（China）1006— 9097,Volume 13,Issue 4,2007,Pages 480—483

［6］Asuka TSUJI,Kenji KURASHIGE,Yoshimasa KA-MEYAMA. Selection of Dishes Using Fuzzy Mathematical Programming. Journal of Japan Society for Fuzzy Theory and Intelligent Informatics 1347—7986,Volume 20,Issue 3,2008, Pages 337—346

［7］Pankaj Guptaa,Mukesh Kumar Mehlawata. Bector—Chandra type duality in fuzzy linear programming with exponential membership functions. Fuzzy Sets and Systems 0165－0114,Volume 160,Issue 22,2009,Pages 3290－3308

［8］LinagHsuan Chena,WenChang Koa. Fuzzy approaches to quality function deployment for new product design Fuzzy Sets and Systems 0165 － 0114, Volume 160, Issue 18, 2009, Pages 2620 －2635

［9］Lee Yeunghak Curvature based normalized 3D component facial image recognition using fuzzy integral. Applied Mathmatics and Computation 0096 － 3003, Volume 205, Issue 2, 2008, Pages 815－823

［10］吴华英,吴和琴. 清晰集及其应用. 香港:香港新闻出版社,2007

［11］叶洪东,吴和琴等. 再论第四次数学危机. 模糊系统与数学(增刊),2010

［12］邹晶. 带等词的中介逻辑系统 ME * 的语义解释及可靠性、完备性. 科学通报,1998,33(13)

［13］朱梧槚,肖奚安. 数学基础概论. 南京:南京大学出版社,1996

［14］朱梧槚,肖奚安. 中介公理集合论系统 MS. 中国科学(A 辑),1988(2)

［15］刘宝碇,彭锦. 不确定理论教程. 北京:清华大学出版社,2005

［16］邹开其,徐扬. 模糊系统与专家系统. 成都:西南交通大学出版社,1989

［17］高庆狮.新模糊集合论基础.北京:机械工业出版社,2006

［18］王立新著,王迎军译.模糊系统与模糊控制教程.北京:清华大学出版社,2003

［19］吴和琴,吴华英,苏钰.第 4 次数学危机.河北工程大学学报.2007(1)

［20］吴和琴,吴华英,苏钰.模糊集合理论推出的一个错误定理.河北建筑科技学院学报.2006(2)

［21］吴和琴,姬红艳.Fuzzy 拓扑学错了.河北工程大学学报,2008(1)

［22］苏发慧.清晰数的运算及应用.吉首大学学报(自然科学版).2010(4)

［23］苏发慧.机械更新决策中的数学模型.吉首大学学报(自然科学版).2010(6)

［24］苏发慧.清晰数的运算律.吉首大学学报(自然科学版).2011(2)

［25］苏发慧.模糊支持向量机在粮食安全预警中的应用.安徽建筑工业学院学报(自然科学版).2009(2)

［26］苏发慧,袁旭梅.再生混凝土的投资前景分析.安徽建筑工业学院学报(自然科学版).2009(6)

［27］苏发慧.抗连续倒塌房屋投资数学模型研究.安徽建筑工业学院学报(自然科学版).2010(6)

［28］苏发慧.某市轻轨铁路应急风险能力评价.安徽建筑工业学院学报(自然科学版).2011(2)

［29］苏发慧.模糊集的两个错误.吉首大学学报(自然科学版).2012(2)